预拌混凝土生产工国家职业技能培训教材

预拌混凝土试验员

山东硅酸盐学会 编 著

中国建材工业出版社

图书在版编目(CIP)数据

预拌混凝土试验员/山东硅酸盐学会编著. --北京：中国建材工业出版社，2023.8
预拌混凝土生产工国家职业技能培训教材
ISBN 978-7-5160-3732-4

Ⅰ.①预… Ⅱ.①山… Ⅲ.①预搅拌混凝土－材料试验－职业培训－教材 Ⅳ.①TU528.52

中国国家版本馆CIP数据核字(2023)第053299号

预拌混凝土试验员
YUBAN HUNNINGTU SHIYANYUAN
山东硅酸盐学会　编　著

出版发行：中国建材工业出版社
地　　址：北京市海淀区三里河路11号
邮　　编：100831
经　　销：全国各地新华书店
印　　刷：北京印刷集团有限责任公司
开　　本：787mm×1092mm　1/16
印　　张：9.5
字　　数：220千字
版　　次：2023年8月第1版
印　　次：2023年8月第1次
定　　价：68.00元

本社网址：www.jccbs.com，微信公众号：zgjcgycbs
请选用正版图书，采购、销售盗版图书属违法行为
版权专有，盗版必究。本社法律顾问：北京天驰君泰律师事务所，张杰律师
举报信箱：zhangjie@tiantailaw.com　举报电话：(010)57811389
本书如有印装质量问题，由我社市场营销部负责调换，联系电话：(010)57811387

《预拌混凝土生产工国家职业技能培训教材》
编 委 会

主　　　任　　辛生业
执行副主任　　彭　建
副　主　任　　刘光华　金祖权　宋　翊
编　　　委　　(以姓氏笔画为序)

丁　宁	于光民	于　琦	丰茂军	王目镇
王会强	王安全	王　芳	王学军	王修常
王晓伟	王　谦	尹群豪	孔凡西	龙　宇
冯富宁	匡利君	巩运刚	庄广利	刘立才
刘庆安	刘汝海	刘红洋	刘秀杰	刘智青
齐继民	闫来因	许建华	孙述光	孙　倩
孙源兴	孙慧琴	李长江	李　冬	李　军
李昊源	李晓凤	李海波	李　萃	李辉永
李　强	李悦慧	肖维录	时中华	宋瑞旭
初军政	张广阔	张　伟	张　杰	张　峰
张海峰	张　磊	张　玲	陈仲圣	陈芳重
陈　辉	邵志刚	尚勇志	周宗辉	周建伟
官留玉	孟令军	孟　扬	赵玲卫	赵秋宁
胡　博	柯振强	钟安祥	祝尊峰	姚亚楠
袁　冬	贾学飞	徐元勋	徐　华	高贵军
高　鹏	郭良家	曹中立	曹现强	曹　剑
常胜亚	谢慧东	窦忠晓	褚　杰	蔡　亮
臧金源	赛同达			

策　　　划　　彭　建

《预拌混凝土试验员》

主　编　于　琦
副主编　李长江　王晓伟　窦忠晓　王修常
主　审　陈　衡

〈近世名士书翰〉

序

我国拥有全球最大的建筑市场,市场份额占全球的30%,商品混凝土产量位居全球第一。

我国在预拌混凝土、预制混凝土各个产业领域规模以上企业的数量持续增长,骨干企业规模不断扩大。鉴于我国混凝土产业快速发展和产业结构优化升级局面的逐渐形成,以提升职业素养和职业技能为核心打造一支高技能人才队伍,成为一项亟待完成的任务。

职业培训是提高劳动者素质的重要途径,对提升企业的竞争力具有重要、深远的意义。鉴于目前我国预拌混凝土行业缺乏职业技能培训教材,编写教材成为当务之急。自2021年12月开始,山东硅酸盐学会联合中国硅酸盐学会混凝土与水泥制品分会、山东省混凝土与水泥制品协会、中国联合水泥集团有限公司、山东山水水泥集团有限公司、青岛理工大学、济南大学、山东建筑大学、临沂大学等42家组织、企业与高校,着手编写《预拌混凝土生产工国家职业技能培训教材》。

教材编写人员多为在山东预拌混凝土生产一线工作的优秀科技人员。教材采用问答方式,提出问题,给出答案;内容注重岗位要求的基本生产技术知识的传授,主要解决生产中的实际问题。历时一年多,编写团队数易其稿,于2022年年底完成了教材的编写工作。诚挚感谢大家的辛勤劳动。

山东硅酸盐学会常务副理事长
泰安中意粉体热工研究院院长
2023年3月

前　言

为了规范预拌混凝土行业职业技能培训工作,不断提高职工技术水平,应山东省广大混凝土企业的要求,山东硅酸盐学会根据人力资源和社会保障部 2019 年颁布的《水泥混凝土制品工》《混凝土工》国家职业技能标准,组织有关单位编写了《预拌混凝土生产工国家职业技能培训教材》。

按照预拌混凝土生产工工种不同,教材共分 5 册:《预拌混凝土质检员》《预拌混凝土试验员》《预拌混凝土操作员》《预拌砂浆质检员》《预拌砂浆操作员》。

教材采用问答方式,按照混凝土从业人员初级、中级、高级、技师、高级技师的不同技能要求,提出问题,给出答案。在内容上,注重岗位要求的基本生产技术知识,主要解决生产中的实际问题。教材主要适用于混凝土行业开展职业技能培训和鉴定工作,亦可供从事混凝土科研、生产、设计、教学、管理的相关人员阅读和参考。

中国硅酸盐学会混凝土与水泥制品分会对教材编写工作给予积极支持。

参加教材编写的有中国联合水泥集团有限公司、山东山水水泥集团有限公司、山东省混凝土与水泥制品协会、青岛理工大学、济南大学、山东建筑大学、临沂大学、泰安中意粉体热工研究院、日照市混凝土协会、青岛青建新型材料集团有限公司、山东鲁碧建材有限公司、山东重山集团有限公司、济南鲁冠混凝土有限责任公司、日照中联水泥混凝土分公司、润峰建设集团有限公司、日照市睿航光伏科技有限公司、山东恒业集团有限公司、日照山河超细材料科技有限公司、济南中联新材料有限公司、日照鲁碧新型建材有限公司、济宁中联混凝土有限公司、枣庄中联水泥混凝土分公司、日照汇川建材有限公司、日照市城镇化建设服务中心、山东龙润建材有限公司、山东华杰新型环保建材有限公司、青岛伟力工程有限公司、山东华森凤山建材有限公司、日照市东港区建设工程管理服务中心、日照新港市政工程有限公司、日照高新环保科技有限公司、日照腾达混凝土有限公司、山东港湾建设集团有限公司、日照市政工程有限公司、青岛青建蓝谷新型材料有限公司、日照弗尔曼新材料科技有限公司、日照经济技术开发区建设质量监督站、日照五色石新型建材有限公司、滕州市东郭水泥有限公司、东平中联水泥有限公司、鱼台汇金新型建材有限公司、济南长兴建设集团工业科技有限公司等 42 家单位。

各册主要编写人员如下:

《预拌混凝土质检员》:张磊、谢慧东、于光民、徐元勋、巩运钱、张秀叶、张鑫、徐敏、李冰、赵文静、赵秋宁、吴树民。

《预拌混凝土试验员》:于琦、李长江、王晓伟、窦忠晓、王修常、王腾、许冬、李浩然、刘宗祥、方增光、郑园园、陈衡、王玉璞。

《预拌混凝土操作员》:龙宇、时中华、高贵军、匡利君、徐华、尹群豪、华纯溢、宋瑞旭、张海峰、王志学。

《预拌砂浆质检员》：王安全、曹现强、孟令军、常胜亚、李萃、梁启峰、张鑫、张峰、李军、尚勇志、赵文静、高岳坤、王立平、袁冬、张秀叶、刘平兵、韩丽丽。

《预拌砂浆操作员》：贾学飞、丁宁、张伟、李辉永、赵玲卫、徐敏、王安全、张鑫、段良峰、袁冬、梁启峰、宋光礼、赵文静、钟安祥、常胜亚。

在此，对上述单位和同志的大力支持与辛勤工作一并表示感谢！

由于编者水平有限，教材难免有疏漏和错误之处，恳请广大读者提出批评和建议，使教材日臻完善。

编者
2023 年 1 月

目 录

第一章 基础知识 ·· 1
第二章 专业知识与技能 ··· 8
  2.1 五级/初级工 ·· 8
  2.2 四级/中级工 ·· 25
  2.3 三级/高级工 ·· 52
  2.4 二级/技师 ·· 87
  2.5 一级/高级技师 ·· 112
第三章 安全与职业健康 ··· 134
  3.1 安全生产规章制度 ·· 134
  3.2 安全与职业健康管理 ··· 135
附录 预拌混凝土生产企业常用标准、规范 ·· 137
参考文献 ·· 140

第一章 基础知识

1. 什么是通用硅酸盐水泥?

以硅酸盐水泥熟料、适量的石膏及规定的混合材料制成的水硬性胶凝材料。

2. 通用硅酸盐水泥的六大品种是什么?

通用硅酸盐水泥包括硅酸盐水泥、普通硅酸盐水泥、矿渣硅酸盐水泥、火山灰质硅酸盐水泥、粉煤灰硅酸盐水泥和复合硅酸盐水泥六大品种。

3. 混凝土的定义是什么?

以水泥、骨料和水为主要原材料,也可加入外加剂和矿物掺合料等材料,经拌和、成型、养护等工艺制作的、硬化后具有强度的工程材料。

4. 什么是矿物掺合料?

以硅、铝、钙等一种或多种氧化物为主要成分,具有规定细度,掺入混凝土中能改善其性能的粉体材料。

5. 常用的矿物掺合料有哪些?

常用的矿物掺合料有粉煤灰、粒化高炉矿渣粉、硅灰、石灰石粉、钢渣粉、磷渣粉、沸石粉等。

6. 什么是复合矿物掺合料?

两种或两种以上矿物掺合料按一定比例复合后的粉体材料。

7. 根据矿物掺合料的活性程度,矿物掺合料如何分类?

根据矿物掺合料的活性程度,矿物掺合料分为活性矿物掺合料和非活性矿物掺合料两类。

(1) 活性矿物掺合料

含有一定数量的氧化钙、氧化铝和氧化硅等玻璃态矿物,如粉煤灰、粒化高炉矿渣粉、火山灰质材料(包括火山灰、沸石岩、凝灰岩、硅藻土、煅烧页岩、煅烧黏土和硅粉等)。

(2) 非活性矿物掺合料

不含或含极少的玻璃态矿物,如磨细石灰石粉和砂岩粉等,在混凝土(砂浆)中起填充作用,用以改善混凝土(砂浆)的和易性等性能。

8. 矿物掺合料有何应用效果?

随着混凝土技术的发展与进步,尤其是高强、高性能混凝土的广泛应用,矿物掺合料已成为高强、高性能混凝土所必需的一种独立组分和功能材料,不仅可有效节约水泥,降低混凝土成本,同时也对提高混凝土的工作性能、强度、耐久性,降低水化升温、抑制碱-骨料反应等都起到至关重要的作用，具有显著的技术经济效益和社会效益。

9. 混凝土材料是当代用量最大的建筑材料，它的优点有哪些？

（1）材料来源丰富，配制灵活，造价低廉。

（2）混凝土拌和物具有良好的可塑性和流动性，易于浇注成型。

（3）混凝土组成材料之间的匹配性好。如混凝土与钢筋有牢固的黏结力，且与钢筋的线膨胀系数基本相同。

（4）抗压强度高，配制合理即有良好的耐久性。

（5）耐火性好，且可代替钢、木结构，能大量节省钢材和木材。

（6）环保性好，混凝土可利用各种工业废渣，是一种较好的环境协调材料。

10. 混凝土材料也存在不足之处，它的缺点有哪些？

（1）自重大，比强度小。

（2）抗拉强度低，脆性大，容易开裂。

（3）导热系数大，保温性差。

（4）硬化较慢，养护周期长。

11. 混凝土原材料经过选择及其配合比设计、试验以后，混凝土及其制品生产工艺的主要流程是什么？

混凝土拌和物制备和质量检验与控制→混凝土的运输与输送→混凝土结构与制品的成型→混凝土的养护→混凝土工程质量检验与验收。

12. 水泥验收查验的四大物理指标是什么？

凝结时间、安定性、强度、细度。

13. 混凝土的和易性包括哪三项指标？

流动性、黏聚性、保水性。

14. 减水剂用在混凝土拌和物中可以起到什么作用？

（1）在不改变混凝土组分，特别是不减少单位用水量的条件下，可以改变混凝土施工的工作性，提高流动性。

（2）在给定工作性条件下，可以减少拌和水和水胶比，提高混凝土的强度，改善其耐久性。

（3）在给定工作性和强度的条件下，可以节约水和水泥用量，从而减少干缩、徐变和水泥水化引起的热应力。

15. 骨料强度、粒形及粒径对混凝土强度可产生直接影响，应如何选择混凝土骨料？

骨料强度与混凝土强度有关，骨料强度低于水泥石强度，会使混凝土强度下降，故应选择与水泥石强度相近的骨料；骨料粒形以接近球形或立方体形为好，若使用扁平或细长颗粒，会对施工带来不利影响；适当采用较大粒径的骨料，对混凝土强度有利。但如采用最大粒径过大的骨料会降低混凝土的强度。

16. 现行标准规定，混凝土强度应分批进行检验评定。一个验收批的混凝土有哪些相同特征？

一个验收批的混凝土应由强度等级相同、龄期相同、生产工艺条件和配合比基本相同的混凝土组成。

17. 在水泥强度等级相同的情况下，水胶比对混凝土强度的影响规律是什么？

在水泥强度等级相同的情况下，水胶比越小，水泥石的强度越高，与骨料黏结力越大，混凝土的强度越高。但是，如果水胶比太小，拌和物过于干稠，在一定的捣实成型条件下，混凝土拌和物中将出现较多的孔洞，导致混凝土的强度下降。

18. 如何定义混凝土的搅拌时间及搅拌步骤？

从砂、石、水泥和水等全部材料投入搅拌机算起到开始卸料为止所经历的时间。混凝土搅拌站在生产混凝土之前的首要步骤是称量各种所需的物料，如粉料、液料、骨料等，骨料包括各种形式的砂石料，液料包括外加剂与水等，粉料则包括粉煤灰、矿粉、水泥等，准确将各种物料称量后，再按照固定顺序投入搅拌机搅拌，并在控制系统中将搅拌时间设定好，搅拌完成后，将混凝土装载到运输车中。

19. 如何计算混凝土配合比中胶凝材料的用量？

混凝土配合比中胶凝材料用量是指每立方米混凝土中水泥和活性矿物掺合料之和。

20. 简述普通混凝土配合比设计的基本原则。

（1）满足设计要求的强度；
（2）满足施工要求的混凝土拌和物的和易性（工作性）；
（3）满足结构在环境中使用的耐久性；
（4）满足技术要求的情况下，尽可能经济。

21. 混凝土二次抹压的作用是什么？

消除混凝土的表面缺陷、混凝土内部的泌水通道及早期的塑性裂缝；提高混凝土表面的密实度；破坏毛细血管微泵，阻止混凝土内水分上升，减缓了混凝土内水分迁移蒸发的速度，防止混凝土开裂。

22. 哪些情况下应重新进行配合比设计？

（1）对混凝土的性能有特殊要求时；
（2）水泥、外加剂或矿物掺合料等原材料品种、质量有明显变化时。

23. 混凝土用砂中的有害物质包括哪些？

混凝土用砂中的有害物质包括云母、轻物质、硫化物及硫酸盐、有机物、贝壳（海砂）、氯离子等。

24. 验收检测粉煤灰的主要控制项目包括哪些内容？

细度、需水量比、烧失量、三氧化硫含量，C类粉煤灰含量及安定性、游离氧化钙含量等。

25. 验收检测细骨料的主要控制项目包括哪些内容？

颗粒级配、细度模数、含泥量、泥块含量、氯离子含量、坚固性、有害物质含量，人工砂还包括石粉含量和压碎值指标。

26. 验收检测粗骨料的主要控制项目包括哪些内容？

颗粒级配、针片状含量、含泥量、泥块含量、压碎值指标、坚固性（用于高强混凝土的还包括岩石抗压强度）。

27. 混凝土拌和物中的氯离子对钢筋混凝土结构有什么危害？

混凝土中的氯离子，尤其是水溶性氯离子含量超过一定浓度时，将会破坏钢筋表面的钝化膜，使钢筋局部活化形成阳极区，钢筋一旦失钝，氯离子的存在就会使钢筋锈蚀速率加快，且 $FeCl_2$ 的水解性较强，氯离子能长期反复地起作用，从而不断加重钢筋锈蚀，钢筋腐蚀使钢筋端面减小，导致承载能力的降低，从而会对混凝土的耐久性和使用的安全性造成严重影响。

28. 与水泥相比，石灰的水化具有什么特点？

石灰与石膏或水泥等相比，在水化过程中具有放热量大、放热速率快、需水量大以及水化时体积膨胀等特点。

29. 什么是压碎值指标？

压碎值指标：即人工砂、碎石、卵石抵抗压碎的能力。

30. 预拌混凝土开盘前的检查应包括哪些项目？

预拌混凝土开盘前的检查包括原材料的日常检查、施工配合比执行情况检查、计量检查等。

（1）原材料的日常检查，质检员应不定期对砂石料场进行巡查，对砂含水、含石、含泥等基本情况有充分了解。试验室应将原材料进场检验实际结果告知质检员。

（2）施工配合比执行情况检查，质检员应确保施工配合比得到严格执行，并进行二次核对，主要核对配合比用量、原材料品种、仓号、砂石含水率等。有条件的工控机可以存储输入完毕的画面，通过网络发给质检员或者留存在服务器中以备追溯。

（3）计量检查，设备科要做好生产设备的日常检查、维修保养工作，保证计量系统的正常运行。在输入施工配合比进行搅拌操作前，应启动搅拌机进行空转操作，确保搅拌机能够正常工作。应做好配料系统的检查，使用前计量秤应归零。应不定时检查每车混凝土的整体计量误差情况。可通过过磅、实测相对密度等方法。

（4）罐车存水，应要求司机对罐车存水进行检查，反转罐体排掉罐内的存水或剩余混凝土。

31. 在混凝土浇筑过程中，通常有哪些注意事项？

（1）应检查模板、钢筋、保护层、预埋管件等的尺寸、规格、数量和位置。

（2）检查模板支撑的稳定性以及接缝的密合情况，保证混凝土不失稳、不跑模、不漏浆。

（3）混凝土浇筑前，应清除模板内以及垫层上的杂物，浇水润湿。

（4）暑期施工时，混凝土拌和物入模温度不应高于35℃，应选择晚间浇筑。

（5）冬季施工时，混凝土拌和物入模温度不应低于5℃，应有保温措施。

(6) 当混凝土自由倾落高度大于2.5m时，应采用串筒、溜管等辅助设备。

32. 骨料、胶凝材料和水胶比是如何影响混凝土抗冻性的？

(1) 骨料对混凝土抗冻性的影响因素主要是饱水程度和粒径大小。湿骨料拌制的混凝土，由于周围硬化浆体的渗透性较低，骨料的水分不易排出，被浆体包围成为一个封闭容器，冻结时骨料本身和周围浆体就会被破坏。在生产高抗冻性混凝土时，颗粒大的骨料空隙中的水分不易排出，容易冻坏。应合理选择骨料，尽量选用密实度大、粒径小、未疏松风化的干燥骨料。

(2) 胶凝材料：水泥的水化程度会影响可冻结水的量和早期强度，从而影响混凝土的早期抗冻性能。掺合料会增加混凝土的密实性，冻结静水压力增大，混凝土的抗冻性能会变差，需要提高混凝土的含气量。硅灰能明显改善气泡结构，降低平均气泡间距，从而提高混凝土的抗冻性。

(3) 水胶比是影响混凝土抗冻性的重要因素。水胶比决定了可冻水的含量和混凝土的强度，二者都会影响混凝土的抗冻性。如水胶比很小，例如0.35以下，水化完全的混凝土，即使引气也具有较高的抗冻性，因为除去水化结合水和凝胶孔不冻水外，可冻结水量减少了。

33. 氧化镁对水泥的性能有什么不利影响？

当其含量较少时，可以掺杂物的形态存在于其他水泥熟料矿物和玻璃相中，这时MgO对水泥的性能没有不利影响。但当其含量超过一定比例时，只能以方镁石的形态存在，方镁石能引起水泥的安定性不良。因此，水泥中氧化镁的含量一般不得超过5%。

34. 凝结过程中混凝土的收缩变形主要包括哪些类型？

沉降收缩、化学收缩、塑性收缩、自收缩、干燥收缩。

35. 如何定义水泥的终凝时间？

水泥的终凝时间是指从水泥加水拌和起，至水泥浆完全失去塑性并开始产生强度所需的时间。

36. 混凝土的和易性，包括流动性、保水性和黏聚性等三个方面。为了保证混凝土的和易性，混凝土的试拌应进行哪些试验项目？

(1) 出机坍落度，混凝土的流动性能以坍落度来表示。坍落度是衡量混凝土配合比性能的首要指标。

(2) 坍落度经时损失，试拌时应根据要求进行坍落度经时损失的试验。

(3) 黏聚性、保水性，确保混凝土不会发生离析、泌水、抓底和发硬等。

(4) 坍落度扩展度。

37. 《混凝土结构工程施工规范》(GB 50666—2011) 标准条文说明了四种常用的投料方法，请列举。

先拌水泥净浆法、先拌水泥砂浆法、水泥裹砂法和水泥裹砂石法等。

38. 先拌水泥净浆法、先拌水泥砂浆法、水泥裹砂法和水泥裹砂石法是常见的投料方法，请阐述具体内容。

先拌水泥净浆法是指先将水泥和水充分搅拌成均匀的浆体后，再加入砂和石搅拌制成均匀的混凝土。

先拌水泥砂浆法是指先将水泥、砂和水投入搅拌机内进行搅拌，成为均匀的水泥砂浆后，再加入石子搅拌成均匀的混凝土。

水泥裹砂法是指先将全部砂子投入搅拌机中，并加入总拌和水量70％左右的水（包括砂子的含水量），搅拌10～15s，再投入胶凝材料搅拌30～50s，最后投入全部石子、剩余水及外加剂，再搅拌一定时间后出机。

水泥裹砂石法是指先将全部的石子、砂和70％左右的拌和水投入搅拌机，拌和15s，使骨料润湿，再投入全部胶凝材料搅拌30s左右，然后加入30％的拌和水再搅拌60s左右即可。

39. 造成混凝土离析的原因有哪些？

造成混凝土离析的原因很多，主要有以下几种：

（1）水胶比过大（搅拌机操作手工作失误或罐车驾驶员接料前，车中积水未倒净）。

（2）粗骨料粒径过大、级配不好，混凝土拌和物稍一静止，过重的大颗粒粗骨料立即下沉，造成混凝土离析。

（3）外加剂掺量过大，造成药物离析，混凝土表面泛着一层黄色水层。

40. 简述混凝土坍落度的试验步骤。

（1）湿润坍落度筒及底板，在坍落度筒内壁和底板上应无明水。底板应放置在坚实水平面上，并把筒放在底板中心，然后用脚踩住两边的脚踏板，坍落度筒在装料时应保持固定的位置。（润湿、找平、固定）

（2）将按要求取得的混凝土试样用小铲分三层均匀地装入筒内，使捣实后每层高度为筒高的三分之一左右。每层用捣棒插捣25次，插捣应沿螺旋方向由外向中心进行，各次插捣应在截面上均匀分布。插捣筒边混凝土时，捣棒可以稍稍倾斜。插捣底层时，捣棒应贯穿整个深度，插捣第二层和顶层时，捣棒应插透本层至下一层的表面。浇灌顶层时，混凝土应灌到高出筒口。插捣过程中，如遇混凝土沉落到低于筒口，则应随时添加。顶层插捣结束后，刮去多余的混凝土，并用抹刀抹平。（分三次装料，均匀振捣，抹刀抹平）

（3）清除筒边底板上的混凝土后，垂直平稳地提起坍落度筒。坍落度筒的提离过程应在3～7s内完成；从开始装料到提坍落度筒的整个过程应不间断地进行，并应在150s内完成。

（4）提起坍落度筒后，测量筒高与坍落后混凝土试体最高点之间的高度差，即为该混凝土拌和物的坍落度值；坍落度筒提离后，如混凝土发生崩坍或一边剪坏现象，则应重新取样另行测定；如果第二次试验仍出现上述现象，则表示该混凝土的和易性不好，应予记录备查。

41. 影响混凝土抗压强度的主要因素有哪些？

（1）水泥强度和水灰比；

（2）骨料质量；

（3）混凝土养护时间；

(4) 环境温度、湿度及施工条件。

42. 什么是碱骨料反应？其相关标准是什么？

碱骨料反应是指混凝土中的碱（包括外界渗入的碱）与骨料中的碱活性矿物成分发生化学反应，导致混凝土膨胀开裂的现象。碱骨料反应包括碱-硅酸反应、碱-碳酸盐反应。关于碱骨料反应的标准为《预防混凝土碱骨料反应技术规范》（GB/T 50733—2011）。

43. 碱骨料反应发生的条件是什么？

碱骨料反应引起混凝土结构破坏和开裂必须存在三个必要条件：碱含量超标、骨料为碱活性、混凝土暴露在水中或潮湿环境中。三个条件必须同时满足，才能发生碱骨料反应，缺少任何一个条件，都不会发生碱骨料反应。碱骨料反应必须在有水的条件下才能进行，干燥环境中碱骨料反应进展缓慢，不易产生破坏性膨胀开裂。长期与水接触的或在潮湿环境中的混凝土则要注意防止碱骨料反应破坏，如水工、地下、给排水结构、道路、桥梁、轨枕等。

44. 碱骨料反应破坏有哪些特征？与冻融开裂有什么区别？

碱骨料反应的膨胀破坏从内部发展到表面，呈地图形和花纹形裂纹。配筋较强时也可能出现顺筋裂纹。裂纹中有白色分泌物或表面有白点（即硅酸钠，$Na_2O \cdot SiO_2$）。裂纹开展时间可能是1~20年。而常见的冻融开裂则是由表及里，表面一层层剥落，而内部混凝土还是完好的。

45. 混凝土外观的质量缺陷——蜂窝产生的主要原因是什么？

混凝土质量控制不当，造成离析泌水。混凝土现场调整时处理不当，如搅拌不均匀、加水、外加剂超量掺加等，导致混凝土和易性差。浇筑时下料不当或过高，未使用串筒，造成砂浆、石子分离。混凝土坍落度偏小，混凝土振捣不实，漏振、振捣时间不够。模板有缝隙使水泥浆流失。根部模板有缝隙，致使混凝土中的砂浆从下部涌出而造成流失。钢筋间距较密，石子粒径过大或坍落度过小，无法顺利全部通过钢筋间隙。

第二章 专业知识与技能

2.1 五级/初级工

2.1.1 水泥基础知识

46. 水泥进场检验项目有哪些?

水泥细度、标准稠度、安定性、凝结时间、比表面积、抗折强度、抗压强度。

47. 水泥存储要求有哪些?

不同生产厂,不同品种、等级的水泥应分别存放,不得混装;水泥存放必须注意防潮;水泥存储期不宜过长,以免受潮变质或降低强度等级,存储期一般为按出厂日期算起的三个月。

48. 混凝土结构工程用水泥取样有什么规定?

同一生产厂家、同一等级、同一品种、同一批号且连续进场的水泥,袋装不超过200t为一检验批,散装不超过500t为一检验批,每批抽样不少于一次。

49. 水泥 3d、28d 强度试验的进行时间允许误差是多少?

3d:±45min;

28d:±8h。

50. 仪器设备的状态标识可分为哪三种?

绿色合格证,黄色准用证,红色停用证。

51. 管理体系文件一般包括哪几个方面的内容?

质量手册、程序文件、作业指导书和记录。

52. 水泥的定义是什么?

凡是细磨成粉末状,加入适量水后,可成为塑性浆体,既能在空气中硬化,又能在水中硬化,并能把砂、石等材料牢固地胶结在一起的水硬性胶凝材料。

53. 水泥按用途分有哪些种类?

水泥按用途分为:通用水泥、专用水泥、特性水泥。

54. 混凝土的强度等级的含义?

混凝土的强度等级是指混凝土的抗压强度。

55. 水泥粉磨入磨有哪几种物料?

硅酸盐水泥熟料、混合材料、石膏、外加剂。

56. 石膏在水泥中的主要作用是什么？主要成分是什么？掺量比例为多少？

石膏在水泥中的作用是调节水泥的凝结时间。主要成分是 $CaSO_4$，掺量大约为 5%。

57. 什么是普通硅酸盐水泥？

凡由硅酸盐水泥熟料，5%～20%的混合材料和适量石膏磨细制成的水硬性胶凝材料，称为普通硅酸盐水泥。

58. 什么是硅酸盐水泥？

凡由硅酸盐水泥熟料、0～5%的石灰石或粒化高炉矿渣、适量石膏磨细制成的水硬性胶凝材料，称为硅酸盐水泥。

59. 什么是矿渣硅酸盐水泥？

凡由硅酸盐水泥熟料、20%～70%的粒化高炉矿渣和适量石膏磨细制成的水硬性胶凝材料称为矿渣硅酸盐水泥。代号 P.S。允许用石灰石、窑灰、粉煤灰和火山灰质混合材料中的一种材料替代矿渣，替代比例不得超过水泥质量的 8%，替代后水泥中的粒化高炉矿渣含量不得少于 20%。

60. 什么是活性混合材料？

活性混合材料是指具有火山灰性或潜在水硬性的混合材料。

61. 什么是水泥的凝结时间？

水泥的凝结时间是指一定量的水泥和标准用水量混合到凝结硬化前的这段时间。

62. 什么是水泥中的三氧化硫含量？

水泥中的三氧化硫含量是指水泥中所含三氧化硫的质量百分数。

63. 什么是水泥瞬凝？

水泥净浆或水泥砂浆加水搅拌后不久，有大量热放出，同时迅速变硬，不另外加水重新搅拌则不能恢复其塑性的现象称为瞬凝。

64. 什么是水泥假凝？

水泥净浆或水泥砂浆加水搅拌后不久，在没有大量热放出的情况下迅速变硬，不用另外加水重新搅拌仍能恢复其塑性的现象称为假凝。

65. 什么是缓凝剂？

凡能延缓水泥的水化作用及阻滞水泥凝胶的凝聚作用，即可减缓水泥凝结速度的添加剂，称为缓凝剂。

2.1.2 砂基础知识

66. 什么是机制砂？

在自然条件作用下岩石产生破碎、风化、分选、运移、堆（沉）积，形成的粒径小于 4.75mm 的岩石颗粒。但不包括软质岩石、风化岩石的颗粒。机制砂的来源十分广泛，通过对矿山岩石、尾矿以及工业废渣等进行处理均可得到。与天然砂相比，机制砂的颗粒形状、表面纹理及粗糙度、级配和微粉含量截然不同,其具有外形有棱角、表面结构更粗糙及微粉含量更高的特点,且由于制造工艺的不同,使得机制砂颗粒的特性存在一定差异,对混凝土的工作性能、力学性能会产生不同的影响。机制砂是采用多重破碎工艺得到的,因此影响机制砂特性的参数较多。

67. 机制砂有哪些技术质量指标?

机制砂的主要技术指标有:颗粒级配、细度模数、石粉含量、空隙率、表观密度、堆积密度、亚甲蓝(MB)值、压碎值指标、云母含量、轻物质含量等16项技术指标。机制砂在破碎过程中由于母岩成分和破碎比的差异,机制砂颗粒通常表现出独特的几何特征:棱角锋利、表面粗糙。

68. 什么是细度模数?

反映机制砂颗粒粗细程度的技术指标。细度模数越大,表示砂子越粗。机制砂的规格按细度模数(M_x)分为粗、中、细、特细四种,其中:

粗砂的细度模数为:①3.7~3.1,平均粒径为0.5mm以上;②中砂的细度模数为:3.0~2.3,平均粒径为0.5~0.35mm;③细砂的细度模数为:2.2~1.6,平均粒径为0.35~0.25mm;④特细砂的细度模数为:1.5~0.7,平均粒径为0.25mm以下。

69. 机制砂中有哪些有害物质?

机制砂中常见的有害物质是云母、轻物质(如树叶、木块、煤)、有机物、硫化物及硫酸盐等,这些物质对混凝土的性能会产生影响,含量都要求严格控制。在机制砂中,通常采用亚甲蓝值来表征机制砂微粉中黏土的含量,亚甲蓝试验能有效检测小于$75\mu m$的主要物质是石粉还是黏土。黏土与微粉具有相同的粒径范围,但由于它增加了混凝土用水量,降低了水化产物物相的性能,从而降低混凝土的坍落度、强度和耐久性,因此被认为是一种有害物质。根据JGJ 52—2006《普通混凝土用砂、石质量及检验方法标准》亚甲蓝合格值的规定,机制砂中的含泥量应控制在1%(占机制砂总量)之内。机制砂混凝土的制备需考虑亚甲蓝值的大小,而黏土主要存在于微粉中,因此在对机制砂混凝土进行配合比设计时,也要合理调控微粉的含量。现有的机制砂研究并不能将黏土与微粉区分开,有些甚至将部分微粉作为黏土,从而导致实际工程中对机制砂微粉含量的要求过高,极大地制约了机制砂的应用和发展。

70. 机制砂中有害物质云母含量要求≤2%,为什么要作为重要质量指标加以控制?

云母呈薄片状,表面光滑,极易沿节理开裂,因此与水泥石的粘结性能极差,若含量过量,将会对混凝土的和易性、强度及砂浆抗冻性产生较大影响,比如云母含量为5%时,会使混凝土的强度降低15%以上。花岗岩类作为机制砂料源时,要注意机制砂中的云母含量对混凝土的和易性和强度的影响。

71. 什么是机制砂颗粒级配?有哪些注意事项?

机制砂的颗粒级配是指颗粒各粒径的搭配比例。与表面光滑圆润的河砂相比,机制砂的表面结构更为粗糙,棱角更为尖锐,应用于混凝土中,和易性较差,容易产生离析、泌水,施工过程中混凝土极易出现堵管、板结等不良现象,给施工带来诸多不便。

由于制备工艺及设备的限制,一些机制砂存在针片状含量过高的情况,影响到机制砂混凝土的工作性能。国内学者针对机制砂中针片状问题,专门研究出快速检测机制针片状含量的测定方法。合理的机制砂颗粒搭配会使混凝土整个体系更加密实。目前,常用机制砂整体偏粗,细粉颗粒含量较少,势必会导致粗骨料、细骨料及胶凝材料之间空隙率偏大,无法形成良好的空间搭配,导致混凝土和易性不佳。预拌混凝土企业最常见的机制砂为"两头大中间小"的断级配砂,由于中间颗粒的缺失,需要更多的胶凝材料填充骨料间空隙。根据机制砂中间粒径颗粒的缺失程度,混凝土会出现不同程度的离析、泌水现象,且由于混凝土空隙率的增加,混凝土的立方体抗压强度会出现明显的下降。在进行混凝土配合比调整时,仅靠提高砂率是没有效果的,必须靠细颗粒或者胶凝材料来填充,否则混凝土的和易性不佳。建议使用机制砂时,应根据机制砂的特性,搭配匹配的细骨料复合使用。若传统粗的机制砂则需要搭配主要为中细颗粒的细骨料一起使用,以提高颗粒级配的连续性,从而提高混凝土的密度和强度、改善混凝土的和易性。

72. 机制砂压碎值指标有什么要求?

机制砂压碎值是检验其坚固性与耐久性的一项指标。标准要求压碎值指标应小于30%。但压碎值指标过低会导致混凝土的耐磨性明显下降。

73. 砂的细度模数与颗粒级配之间的关系?

砂的细度模数和颗粒级配是两个不同的概念,它们既有联系又有本质区别,它们的关系是:

颗粒级配相同,细度模数相同;细度模数相同,级配不一定相同;砂的三个级配区并不准确对应于与砂的粗、中、细的程度划分。

74. 公路工程机制砂技术标准中,如何分类?它们的适用范围又是什么?

机制砂可分为Ⅰ类、Ⅱ类、Ⅲ类。Ⅰ类宜用于强度等级大于或等于C60的混凝土,Ⅱ类宜用于强度等级大于或等于C30、小于C60及有抗冻、抗渗要求的混凝土,Ⅲ类宜用于强度等级小于C30的混凝土。

《机制砂在混凝土中应用技术规程》(DG/TJ 08-506—2002)中规定:机制砂按细度模数分为粗、中、细三种规格,其细度模数分别为:粗:3.7~3.1,中:3.0~2.3,细:2.2~1.6。按技术要求分为Ⅰ类、Ⅱ类、Ⅲ类。Ⅰ类宜用于强度等级大于或等于C60的混凝土,Ⅱ类宜用于强度等级C30-C55及有抗冻、抗渗或其他要求的混凝土,Ⅲ类宜用于强度等级小于C30的混凝土。

75. 在母岩相同的情况下,石屑与机制砂的区别是什么?

在母岩相同的情况下,石屑与机制砂的主要区别是石屑颗粒更加不规则,用水量增加较多,石粉含量更高且波动更大,可能更易降低混凝土拌和物的性能及强度。

76. 请简述什么是砂中的轻物质?

轻物质是指砂中表观密度小于 $2000kg/m^3$ 的物质,如煤、褐煤和木材等。这些杂质是不安定的,会导致腐蚀和分层,对混凝土强度造成不利影响,煤还可能膨胀而引起混凝土的破裂,如以细颗粒形式大量存在,则会影响水泥净浆的硬化。

77. 什么是机制砂亚甲蓝（MB）值？

用于判定机制砂中粒径小于0.075mm颗粒含量主要是泥土还是与被加工母岩化学成分相同的石粉的指标。机制砂亚甲蓝值要求小于1.4。

78. 哪些岩石可以用于机制砂的生产？

机制砂石（碎石）的制砂原料通常用花岗岩、玄武岩、河卵石、鹅卵石、安山岩、流纹岩、辉绿岩、闪长岩、砂岩、石灰岩等品种。其制成的机制砂按岩石种类区分，同时也存在强度和用途的差异。

79. 自然界的岩石分为哪几个种类？

自然界的岩石分为三类，它们分别是：

第一类是岩浆岩（火成岩），由岩浆喷发而形成的，一般质地坚硬、均一；

第二类是沉积岩（水成岩），是经风化、搬运、沉积和成岩等一系列地质作用而形成的，其特点是一般为层状分布结构，同一时期性质相近；

第三类是变质岩，是在已有岩石的基础上，经过变质混合作用后形成的，其特点兼具上述岩石及自身特性。

80. 岩石硬度如何分级？

岩石的硬度分为四个等级，即极坚固岩石（坚固的花岗岩、石灰岩、石英岩等）、坚硬岩石（如不坚固的花岗岩、坚固的砂岩等）、中等坚固岩石（如普通砂岩、铁矿石等）和不坚固岩石（如黄土等）。

81. 何为岩石的强度？岩石的强度又分为哪几类？

岩石的强度是岩石抵抗外力破坏的能力，也以"帕斯卡"为单位，用符号Pa表示。岩石受力作用破坏，表现为压碎、拉断和剪切等，故有抗压强度、抗拉强度和抗剪强度等。

82. 机制砂料源岩石对其抗压强度有什么要求？

机制砂料源母岩强度首先应由生产需求或工程项目单位提供，一般火成岩应不小于100MPa，变质岩应不小于80MPa，水成岩（沉积岩）不应小于60MPa。对于配制C50及以上混凝土的机制砂，其母岩抗压强度与混凝土强度等级之比不应小于1.5。

83. 如何区分岩石的风化等级？

岩石的风化等级分为微风化、弱风化、强风化、全风化四个等级，一般用风化系数（kf）进行表示。风化系数（kf）小于0.4的岩石，强度常小于30MPa；风化较强的岩石色泽陈旧，基本可用手折断，用镐可以挖掘，手摇钻不易钻进，锤击声为哑声等特点。

84. 机制砂的表观密度、松散堆积密度、空隙率有何要求？

机制砂的表观密度应不小于$2500kg/m^3$；松散堆积密度不小于$1400kg/m^3$；空隙率不大于44%。

85. 何为砂石骨料？

砂石骨料是建设工程中砂、卵（砾）石、碎石、块石、料石等材料的统称。粒径大于 4.75mm 的骨料称为粗骨料，即我们常说的石子或碎石；粒径小于 4.75mm 的骨料称为细骨料，又称为砂或机制砂。砂石骨料是建设工程中混凝土和堆砌石等构筑物的主要建筑材料。

86. 机制砂出厂检验项目有哪些？

机制砂的出厂检验项目是：颗粒级配、细度模数、松散堆积密度、石粉含量（含亚甲蓝试验）、泥块含量、压碎值指标。

2.1.3 碎石基础知识

87. 最大粒径为 31.5mm 的碎石或卵石的筛分试验最少需多少试样？

最大粒径为 31.5mm 的碎石或卵石的筛分试验最少需 25kg 试样。

88. 什么是混凝土用再生粗骨料？它的使用有哪些积极意义？

混凝土用再生粗骨料是由建（构）筑废物中的混凝土、砂浆、石、砖瓦等加工而成，用于配制混凝土的、粒径大于 4.75mm 的骨料颗粒。

一般是利用废弃的混凝土和红砖，经过机器破碎、加工处理得到再生骨料，从而代替普通的砂石骨料，与此同时，还可以根据相应的配合比加入水、凝胶材料以及外加剂等，制备成再生混凝土，但是在混凝土中掺加再生骨料会对混凝土的性能造成一定的影响。对于再生骨料混凝土而言，其主要是将旧建筑中的废弃混凝土块进行拆迁，经过分选、清洗、破碎等环节与工序，通过一定的比例相互混合而成，以此来作为部分骨料重新搅拌而成的混凝土。随着再生骨料混凝土的制备与应用，一方面，可以解决由于建筑废弃混凝土而导致的污染问题；另一方面，通过建筑垃圾生产的再生骨料可以有效代替天然骨料，降低建筑工程对天然骨料的依赖，从而降低对天然砂石的不断开采，避免开采砂石对生态环境的破坏，实现可持续发展。对于再生骨料混凝土而言，其空隙较大，这就使得其热导率更低，可以提升建筑的保温隔热性能。此外，相较于普通混凝土而言，再生混凝土的表观密度更低，自重就会更低，从而有利于降低建筑的整体质量，提高构件跨度。相较于普通混凝土而言，如果在相同的水灰比环境下，再生骨料混凝土的坍落度会更低，这主要是由于再生骨料的表面十分粗糙，而且空隙大，导致吸水率偏大，和易性较差。所以，要想进一步增加再生混凝土的流动性，就应添加更多的外加剂或者提高水泥浆的使用量。关于再生骨料对再生混凝土强度所带来的影响，很多学者与机构都进行了这方面的研究。当砂浆中掺加再生骨料时，应采取现场搅拌的方式，利用机械强制式砂浆搅拌机，确保搅拌的均匀性，以此来控制砂浆的黏稠度，当搅拌完成后，在卸料时，要将搅拌机内的砂浆清理干净。对于每盘砂浆的搅拌时间，应从水泥、骨料、砂浆的加入时间开始计算，确保搅拌的时间超过 2min。对于掺入外加剂或者掺合料的砂浆，其计算时间要从全部材料加完开始计算，确保搅拌的时间超过 3min。

89. 最大粒径为 31.5mm 的碎石或卵石的针片状含量试验所需试样最少为多少？

最大粒径为 31.5mm 的碎石或卵石的针片状含量试验所需试样最少为 20kg。

90. 最大粒径为 20mm 的碎石或卵石的泥块含量试验所需试样最少为多少？

最大粒径为 20mm 的碎石或卵石的泥块含量试验所需试样最少为 24kg。

91. 骨料按规定方法颠实后单位体积的质量是指哪种密度？

骨料按规定方法颠实后单位体积的质量是指紧密密度。

92. 对于长期处于潮湿环境的重要混凝土结构所用的砂、石需要进行哪种检验项目？

对于长期处于潮湿环境的重要混凝土结构所用的碎石或卵石，应进行碱活性检验。

碱活性骨料指可与水泥或混凝土中的碱离子发生化学反应并产生体积膨胀的骨料，一般分为两种类型：一种是含有非晶体或结晶不完整的二氧化硅的骨料，称为碱-硅酸盐反应活性骨料；另一种是含有具有特定结构构造的微晶白云石骨料，称为碱-碳酸盐反应活性骨料。对碱活性骨料的判别，主要分为初判和复判；初判主要采用岩相法，复判通常包括化学法、砂浆棒快速法、砂浆长度法、岩石圆柱体法和混凝土棱柱体法等。目前，对碱-硅酸盐反应活性骨料，通常采用掺拌一定比例的粉煤灰等方法来抑制其碱活性；对碱-碳酸盐反应活性骨料还没有找到抑制其碱活性的有效方法。

93. 普通混凝土用碎石在什么情况下应进行岩石的抗压强度试验？

当混凝土强度等级大于或等于 C60 时应进行岩石的抗压强度检验。

94. 什么叫做碱活性骨料？

能在一定条件下与混凝土中的碱发生化学反应导致混凝土产生膨胀、开裂甚至破坏的骨料叫做碱活性骨料。

95. 普通混凝土所用的细骨料通常为河砂或机制砂，粗骨料常为碎石或卵石。混凝土骨料的技术质量要求包括哪些指标？

颗粒级配和粗细程度、骨料的形状和表面特征、泥和泥块含量、机制砂石粉含量及亚甲蓝（MB）值、坚固性、碱活性、有害物质含量。

骨料是混凝土重要的组成部分，在混凝土设计中占有重要的地位。混凝土是一种颗粒型多相复合材料，在实际应用中，可将混凝土看作是两相复合材料，即骨料和砂浆体。骨料在混凝土中所起的作用大致可归纳为如下三点。

（1）骨架增强作用

骨料在混凝土中起着刚性骨架作用，提高了混凝土的强度和变形模量，使得混凝土比单纯的水泥浆具有更好的体积稳定性和耐久性。

（2）裂缝的引发和抑制作用

混凝土中适量的骨料能提高混凝土的体积安定性能。混凝土破坏主要是其内部存在的结构缺陷的结果，结构缺陷引起应力集中，导致裂缝产生，裂缝在荷载作用下不断扩展，但在混凝土复合体系中，骨料既能引发裂缝，也能抑制裂缝的扩展。

（3）控制温度变形作用

混凝土中水泥及矿物外加剂的凝结硬化是一种水化放热反应，温度变化引起的温度应力常导致混凝土开裂。由于骨料在混凝土的凝结硬化过程中不会发生反应，对混凝土的温度变形具有一定的抑制作用。

96. 请分别写出含泥量、石的泥块含量的定义。

含泥量：砂石中公称粒径小于 $80\mu m$ 的颗粒的含量。

石的泥块含量：石中公称粒径大于 5.00mm 的颗粒，经水洗、手捏后变成小于 2.50mm 的颗粒的含量。

97. 请分别写出表观密度、堆积密度的定义。
表观密度：骨料颗粒单位体积（包括内封闭孔隙）的质量。
堆积密度：骨料在自然堆积状态下单位体积的质量。

2.1.4 外加剂基础知识

98. 简述混凝土外加剂及减水剂的定义。
混凝土外加剂是指在混凝土搅拌之前或拌制过程中加入的、用以改善新拌和（或）硬化混凝土性能的材料，一般掺量不大于水泥质量的 5%（特殊情况除外）。
减水剂是在混凝土坍落度基本相同的条件下，能显著减少混凝土拌和水量的外加剂。

99. 请列举 5 条以上外加剂的主要功能。
（1）改善混凝土或砂浆拌和物施工时的和易性；
（2）提高混凝土或砂浆的强度及其他物理力学性能；
（3）节约水泥或代替特种水泥；
（4）加速混凝土或砂浆的早期强度发展；
（5）调节混凝土或砂浆的凝结硬化速度；
（6）调节混凝土或砂浆的含气量；
（7）降低水泥初期的水化热或延缓水化放热；
（8）改善拌和物的泌水性；
（9）提高混凝土或砂浆耐各种侵蚀性盐类的腐蚀性；
（10）减弱碱-骨料反应；
（11）改善混凝土或砂浆的毛细孔结构；
（12）改善混凝土的泵送性；
（13）提高钢筋的抗锈蚀能力；
（14）改变砂浆及混凝土的颜色。

100. 外加剂有多种类型，按其主要功能可分为哪四类？
（1）改善混凝土拌和物流动性能的外加剂，包括各种减水剂和泵送剂等；
（2）调节混凝土凝结时间、硬化性能的外加剂，包括缓凝剂、促凝剂和速凝剂等；
（3）改善混凝土耐久性的外加剂，包括引气剂、防水剂、阻锈剂和矿物外加剂等；
（4）改善混凝土其他性能的外加剂，包括膨胀剂、防冻剂、着色剂等。

101. 简述普通减水剂、高效减水剂、高性能减水剂的定义。
普通减水剂是一种能保持混凝土坍落度一致的条件下减少拌和用水量的外加剂。
高效减水剂是一种能保持混凝土坍落度一致的条件下大幅度减少拌和用水量的外加剂。

高性能减水剂：比高效减水剂具有更高减水率、更好坍落度保持性能、较小干燥收缩，且具有一定引气性能的减水剂。

102. 简述早强剂、引气剂、缓凝剂、防冻剂、速凝剂、膨胀剂的定义或作用。

早强剂是指能加速混凝土早期强度发展的外加剂。

引气剂是指搅拌混凝土过程中能引入大量均匀分布、稳定而封闭的微小气泡的外加剂。

缓凝剂是指能延缓混凝土凝结时间、并对混凝土后期强度发展无不利影响的外加剂。

防冻剂是一种能使混凝土在负温下硬化、并在规定养护条件下达到预期性能的外加剂。

速凝剂是指能使混凝土迅速凝结硬化的外加剂。

膨胀剂能使混凝土在硬化过程中产生微量体积膨胀。

103. 试述聚羧酸系高性能减水剂的优点。

（1）低掺量（质量分数为 0.2%～0.5%）时减水率较高，且分散性能好；

（2）经时坍落度损失小，90min 内坍落度基本无损失；

（3）早期强度高，在一定程度上能够加快施工进度，提高模板周转率；

（4）在相同流动度下比较时，可以延缓水泥的凝结；

（5）分子结构上自由度大，制造技术上可控制的参数多，多功能化易实现，潜力大；

（6）合成中不使用甲醛，因而不会对环境造成污染；

（7）与水泥和其他种类的混凝土外加剂相容性较好；

（8）可用更多的矿渣或粉煤灰代替水泥，降低水泥用量，从而降低成本。

104. 普通减水剂的主要功能及适用范围。

主要功能：在保持混凝土流动性及强度不变时，可节约水泥 5%～10%；在保持混凝土用水量及水泥用量不变时，可增大混凝土流动性，即增大坍落度 60～80mm；在保持混凝土工作性及水泥用量不变时，可减少用水量 10% 左右，提高强度 10% 左右。

适用范围：适用于日最低气温在 5℃ 以上的混凝土工程；适用于各种预制及现浇混凝土、钢筋混凝土、预应力混凝土、泵送混凝土、大体积混凝土及大模板、滑模等工程施工。

105. 请列举 5 条以上聚羧酸系减水剂在应用中易遇到的问题。

（1）难以控制合适的加水量；

（2）难以控制合适的外加剂用量；

（3）混凝土拌和料异常干涩、无法卸料及泵送浇注；

（4）混凝土拌和料浇注后，骨料与浆体分层严重；

（5）混凝土拌和料泌水量过大；

（6）混凝土引气严重，由于凝结时间长而表面长时间冒泡；

（7）所浇注的混凝土拆模后表面质量欠佳（气泡、露砂等）；

(8) 细骨料含泥量对减水剂作用效果十分明显；
(9) 对某些水泥来说，聚羧酸系减水剂表现为异常不适应；
(10) 缓凝及假凝现象时有发生。

106. 请列举 4 条以上安全高效应用聚羧酸系减水剂的注意事项或对策。
(1) 避免聚羧酸系减水剂与铁制材料接触；
(2) 避免其他品种外加剂的混入；
(3) 通过反复试验，确定减水剂的最佳用量和最佳用水量；
(4) 正确面对聚羧酸系减水剂与水泥/掺合料的适应性问题；
(5) 二次添加聚羧酸系减水剂应经严格试验；
(6) 严格控制振捣半径和振捣时间；
(7) 加强初期养护，严防开裂；
(8) 施工、管理单位应与混凝土供货单位密切合作；
(9) 加强聚羧酸系减水剂理论和应用技术的研究及相关人员的培训工作。

107. 什么是水泥与外加剂的相容性？
含减水组分的混凝土外加剂与胶凝材料、骨料、其他外加剂相匹配时，拌和物的流动性及其经时的变化程度。

108. 如何区分水泥与减水剂是否相容性良好？
水泥与减水剂相适应时：
(1) 减水剂在常用掺量下能够达到它自身的减水率；
(2) 没有离析和泌水现象；
(3) 坍落度随时间变化损失相应较小；
(4) 对混凝土的强度等性能无负面影响。
水泥与减水剂不相适应时：初始坍落度小，坍落度损失快，离析、泌水，外加剂用量增加。

109. 试述水泥与外加剂相容性不好的原因。
水泥与外加剂相容性不好，可能是外加剂、水泥品质或是使用方法不当造成的，或几种因素共同作用引起的。在实际工作中，若不能分析出具体原因，容易引起各方的争议。

110. 试列举 3 条以上外加剂在混凝土中相容性较差的表现。
(1) 出不了机：干涩、豆渣状，混凝土干硬，出机混凝土无流动性；
(2) 出机损失：初始黏稠，5 分钟内流动消失；
(3) 保不住：初始状态极好，15 分钟内流动消失；
(4) 坍损快：严重泌水，高减水，但损失还快，1 个小时内流动损失；
(5) 混凝土黏聚状态差：大流动性混凝土露石，离析、泌水，扒底粘罐；低流动性混凝土浆体不黏、发散、发涩，包裹性差；
(6) 敏感：使用适应性较好的水泥及水洗砂石或外加剂掺量低时，混凝土流动性损失过快，增加掺量后又出现泌水；

（7）流动性随时间增加而增大：混凝土出机时流动性刚好，到现场流动性增大，成型以后有局部离析、泌水、砂线现象，出现裂纹及影响外观等问题。

111. 试列举从水泥角度分析影响水泥与外加剂相容性的因素。

（1）水泥熟料矿物组成及工艺制度的影响：四种矿物组成对减水剂吸附量由大到小的顺序为 $C_3A>C_4AF>C_3S>C_2S$。

（2）混合材种类和品质的影响：混合材对减水剂具有吸附作用。由吸附量试验得知，作为水泥混合材的吸附量由大到小的顺序一般为：煤矸石＞粉煤灰＞矿渣。

（3）水泥中的碱含量和 f-CaO 含量的影响：碱的存在使水泥标准稠度用水量增大，使水泥水化速度加快，减水剂的塑化效果变差，含碱量越高，水泥与减水剂的适应性越差，还将导致混凝土的坍落度经时的损失增大。

（4）作为水泥调凝剂石膏品种和掺加量的影响：天然二水石膏与高效减水剂适应性较好，硬石膏则有不利的影响，应加以限制，工业副产品石膏中的某些微量成分可能会使水泥与高效减水剂的相容性变差。

（5）水泥比表面积和颗粒分布的影响：水泥颗粒对减水剂分子的吸附与水泥的比表面积有关。水泥颗粒平均粒径越小时，水泥中细粉越多，比表面积越大，水泥与外加剂相容性越差。

（6）水泥新鲜度的影响：储存时间坡越长，储存环境的温度、湿度越高，水泥与高效减水剂的相容性越好。

（7）水泥温度的影响：出厂水泥温度越高，水泥水化反应速度越快，水泥与减水剂适应性越差。

112. 试述掺加防水剂的混凝土工程施工时应注意哪些问题。

（1）含有减水组分的防水剂应进行外加剂相容性的试验；

（2）掺加防水剂的混凝土宜选用普通硅酸盐水泥。有抗硫酸盐要求时，宜选用抗硫酸盐硅酸盐水泥或火山灰质硅酸盐水泥，并应经试验确定；

（3）防水剂应按供方推荐掺量掺加，超量掺加时应经试验确定；

（4）掺加防水剂的混凝土宜采用最大粒径不超过 25mm 连续级配的石子；

（5）掺加防水剂的混凝土的搅拌时间应较普通混凝土增加 30s；

（6）掺加防水剂的混凝土应加强早期养护，潮湿养护不得少于 7d；

（7）掺加防水剂的混凝土处于侵蚀介质中时，应采取抗腐蚀措施；

（8）掺加防水剂的混凝土结构表面温度不宜超过 100℃，超过 100℃时，应采取隔断热源的保护措施。

113. 使用掺阻锈剂的混凝土或砂浆对既有钢筋混凝土工程进行修复时，应符合哪些规定？

（1）应先剔除已被腐蚀、污染或中性化的混凝土层，并清除钢筋表面锈蚀物后再进行修复。

（2）当损坏部位较小、修补层较薄时，宜采用砂浆进行修复；当损坏部位较大、修补层较厚时,宜采用混凝土进行修复。

(3) 当大面积施工时,可采用喷射或喷、抹结合的施工方法。

(4) 修复的混凝土或砂浆的养护应符合现行国家标准《混凝土质量控制标准》(GB 50164—2011)的有关规定。

114. 试列举3种以上提高或改善水泥与外加剂的相容性的方法。

(1) 合理选择熟料矿物组成,提高烧成温度和速度,熟料采用急冷法;

(2) 选择品质好的水泥混合材料和石膏;

(3) 在满足早期强度的要求下,降低水泥比表面积,选择合理的颗粒分布;

(4) 降低水泥的碱含量和f-CaO含量;

(5) 延长水泥的储存时间,降低水泥的新鲜度;

(6) 降低水泥粉磨和出厂(使用)时的温度。

115. 黏土矿物对混凝土减水剂有哪些影响?

黏土将混凝土减水剂吸附到黏土粉层状结构中,能够在一定程度上降低混凝土减水剂的分散性能。在黏土矿物对混凝土减水剂的影响调查分析过程中,我们可以从分子结构这一角度来看,黏土对不同类型且含有梳形侧链结构的混凝土减水剂具有较大的影响,由于黏土粉中的黏土矿物层间结构能够匹配混凝土减水剂的侧链结构,这也会直接导致混凝土减水剂具有一定的化学吸附性,而并非仅仅是依靠电荷吸附在黏土矿物的表面。由于黏土本身自带一定的吸附能力,因此可以发挥自身的作用,再加上混凝土减水剂和金属阳离子,这也是当下黏土吸附混凝土减水剂的原理。黏土的矿物组成以及结构组成都会直接影响混凝土减水剂的塑化性能。

116. 标准型高性能减水剂(聚羧酸系)减水率试验时配合比设计应符合的规定要求有哪些?

(1) 水泥用量:掺加高性能减水剂的基准混凝土和受检混凝土的单位水泥用量为$360kg/m^3$;

(2) 砂率:掺加高性能减水剂的基准混凝土和受检混凝土的砂率均为43%~47%;

(3) 外加剂掺量:按生产厂家指定掺量;

(4) 用水量:掺加高性能减水剂的基准混凝土和受检混凝土的坍落度控制在(210±10)mm,用水量为坍落度在(210±10)mm时的最小用水量,用水量包括液体外加剂、砂、石材料中所含的水量之和。

117. 简述外加剂匀质性试验中水泥净浆流动度的试验方法。

(1) 将玻璃板放置在水平位置,用湿布抹擦玻璃板、截锥圆模、搅拌器及搅拌锅,使其表面湿而不带水渍。将截锥圆模放在玻璃板的中央,并用湿布覆盖待用。

(2) 称取水泥300g,倒入搅拌锅内。加入推荐掺量的外加剂及87g或105g水,立即搅拌(慢速120s、停15s、快速120s)。

(3) 将拌好的净浆迅速注入截锥圆模内,用刮刀刮平,将截锥圆模按垂直方向提起,同时开启秒表计时,任水泥净浆在玻璃板上流动,至30s,用直尺量取流淌部分互相垂直的两个方向的最大直径,取平均值作为水泥净浆流动度。

118. 简述通常选择使用缓凝剂的目的。

（1）调节新拌混凝土的初凝和终凝时间，使混凝土按施工要求在较长时间内保持塑性，以利于浇筑成型；

（2）控制混凝土的坍落度经时损失，使混凝土在较长时间内保持良好的流动性与和易性，使其经长距离运输后仍能满足泵送施工工艺要求；

（3）降低大体积混凝土的水化热，并推迟放热峰的出现；

（4）提高混凝土的密实性，改善耐久性。

119. 列举3条以上防冻剂的应用技术要点。

（1）气温降低，防冻剂的掺量应适当增大。

（2）不同的防冻剂使用温度不同，在日最低气温为－10℃、－15℃、－20℃，采用上述保温措施时，可分别采用规定温度为－5℃、－10℃、－15℃的防冻剂。

（3）在混凝土中掺用防冻剂的同时，还应注意原材料的选择。如应尽量使用硅酸盐水泥或普通硅酸盐水泥，不宜使用矿渣混合水泥，禁止使用铝酸盐水泥；当防冻剂中含有较多Na^+、K^+时，不得使用活性骨料。

（4）保证养护措施到位，在负温条件下养护时不得浇水，外露表面应覆盖等。

（5）在日最低气温为－5℃、混凝土采用一层塑料薄膜和两层草袋或其他代用品覆盖养护时，可采用早强剂或早强减水剂替代防冻剂。

（6）氯化钙与引气减水剂复合使用时，应先加入引气减水剂，经搅拌后，再加入氯化钙溶液；钙盐与硫酸盐复合使用时，先加入钙盐溶液，经搅拌后再加入硫酸盐溶液。

（7）以粉剂直接加入的防冻剂，如有受潮结块，应磨碎通过0.63mm的筛孔后方可使用。

2.1.5 矿物掺合料基础知识

120. 什么是粉煤灰？

电厂煤粉炉烟道气体中收集的粉末称为粉煤灰。

注：粉煤灰不包括以下情形：

（1）和煤一起煅烧城市垃圾或其他废弃物时；

（2）在焚烧炉中煅烧工业或城市垃圾时；

（3）循环流化床锅炉燃烧收集的粉末。

121. 粉煤灰如何分类？

根据燃煤品种分为F类粉煤灰（由无烟煤或烟煤煅烧收集的粉煤灰）和C类粉煤灰（由褐煤或次烟煤煅烧收集的粉煤灰，氧化钙含量一般大于或等于10%）。

根据用途分为拌制砂浆和混凝土用粉煤灰、水泥活性混合材料用粉煤灰两类。

122. 粉煤灰如何分级？

拌制砂浆和混凝土用粉煤灰分为三个等级：Ⅰ级、Ⅱ级、Ⅲ级。

水泥活性混合材料用粉煤灰不分级。

123. 什么是石灰石粉？

将石灰石粉磨至一定细度的粉体或石灰石机制砂生产过程中产生的收尘粉。

124. 石灰石粉的成分组成规定是什么？

石灰石中的碳酸钙含量不小于75%，含水量不大于1.0%，总有机碳含量不大于0.5%。其中水泥助磨剂应符合《水泥助磨剂》（GB/T 26748）的要求，加入量不超过石灰石质量的0.5%。

125. 什么是粒化电炉磷渣粉？

以粒化电炉磷渣为主，与少量石膏共同粉磨制成一定细度的粉体，称为粒化电炉磷渣粉，简称磷渣粉。

126. Ⅱ级粉煤灰的理化性能要求是什么？

拌制砂浆和混凝土用Ⅱ级粉煤灰应符合下列要求：

(1) 细度（45μm方孔筛筛余）≤30.0%；
(2) 需水量比≤105%；
(3) 烧失量≤8.0%；
(4) 含水量≤1.0%；
(5) 三氧化硫（SO_3）质量分数≤3.0%；
(6) 游离氧化钙f-CaO质量分数：F类≤1.0%，C类≤4.0%；
(7) 密度≤2.6g/cm³；
(8) 安定性（雷氏法）≤5.0mm；
(9) 强度活性指数≥70.0%；
(10) 二氧化硅（SiO_2）、三氧化二铝（Al_2O_3）、三氧化二铁（Fe_2O_3）总质量分数：F类≥70.0%，C类≥50.0%。

127. 试述石灰石粉的技术要求。

亚甲蓝值（MB值）：石灰石粉按MB值分为Ⅰ级、Ⅱ级、Ⅲ级三个等级，Ⅰ级不大于0.5g/kg，Ⅱ级不大于1.0g/kg，Ⅲ级不大于1.4g/kg。

45μm方孔筛筛余：石灰石粉按45μm方孔筛筛余分为A型和B型，A型不大于15%，B型不大于45%。

流动度比：石灰石粉的流动度比不小于95%。

碳酸钙含量：石灰石粉的碳酸钙含量不得小于75%。

抗压强度比：石灰石粉的7d和28d抗压强度比不小于60%。

含水量：石灰石粉的含水量不大于1.0%。

总有机碳含量（TOC）：石灰石粉的总有机碳含量不大于0.5%。

碱含量（选择性指标）：碱含量按$Na_2O+0.658K_2O$计算值表示。当石灰石粉应用过程中需要限制碱含量时，由供需双方协商确定。

128. 不同等级的矿渣粉，其技术指标区别是什么？

矿渣粉分为S105、S95、S75三个级别，其主要技术指标的差别主要体现在比表面积、活性指数两个方面。S105矿渣粉比表面积最大，应大于等于500m²/kg。活性指数越高，矿渣粉的级别越高。

129. 预拌混凝土在矿物掺合料应用方面应符合哪些要求？

（1）掺矿物掺合料的混凝土，宜采用硅酸盐水泥和普通硅酸盐水泥；

（2）在混凝土中掺加矿物掺合料时，矿物掺合料的种类和掺量应经试验确定，其混凝土性能应满足设计要求；

（3）对于高强混凝土或有抗渗、抗冻、抗腐蚀、耐磨等其他特殊要求的混凝土，宜采用不低于Ⅱ级的粉煤灰；

（4）对于高强混凝土或有抗腐蚀要求的混凝土，当需要掺和硅灰时，宜采用二氧化硅含量不小于90%的硅灰。

130. 粉煤灰的碱含量有何要求？

按 $Na_2O+0.658K_2O$ 计算值表示。当粉煤灰应用中有碱含量要求时，由供需双方协商确定。

131. 粉煤灰的均匀性有何要求？

以细度表征，单一样品的细度不应超过前10个样品细度的平均值（如样品少于10个时，则为所有前述试验样品的细度平均值）的最大偏差，最大偏差范围由供需双方协商确定。

2.1.6 混凝土基础知识

132. 简述混凝土流动性的意义。

流动性是指混凝土拌和物在本身自重或外力作用下能够产生流动，并均匀密实地填满模板的性能。流动性好的混凝土操作方便，易于捣实、成型。良好的流动性是确保混凝土可泵性的关键。混凝土的流动性与混凝土配料（特别是砂石料）的特性密切相关。混凝土使用河砂配料由来已久，有把握保证混凝土的流动性。然而，由于天然砂石料资源量日趋匮乏，采用机制砂石料替代天然砂石料配制混凝土已经成为必然。但相对于天然砂混凝土，机制砂混凝土使用时间较短，对于机制砂混凝土性能的把握与工程的要求还有很大差距。

133. 混凝土强度破坏的情况有哪三种？

一是骨料破坏，多见于高强混凝土；二是水泥石破坏，这种情形在低强度等级的混凝土中并不多见，因为配制混凝土的水泥强度等级大于混凝土的强度等级；三是骨料与水泥石的黏结界面破坏，这是最常见的破坏形式。

134. 混凝土黏聚性的意义是什么？混凝土质量的影响因素有哪些？

黏聚性是指在混凝土拌和物施工过程中，其组成材料之间具有一定的黏聚力，不致产生分层和离析现象的性能。在外力作用下，混凝土拌和物各组成材料的沉降不相同，如配合比例不当，黏聚性差，则施工中易发生分层、离析等情况，致使混凝土硬化后产生"蜂窝""麻面"等缺陷，影响混凝土强度和耐久性。

(1) 砂率的影响

砂率一般是指混凝土当中砂的质量与添加砂石的总质量的百分比，如果砂率变化区间大，混凝土中的骨料缝隙就会增大，这时，混凝土的整体结构将受到严重影响，和易性也将失去控制。如砂率过大，混凝土骨料的空隙率也随之增大，在这种情况下，骨料的总表面积也将与空隙率成正比例扩大，如果水泥浆的掺量为定值，那么骨料之间就会产生较大的摩擦阻力，而使混凝土拌和物的流动性大幅降低。如果砂率过小，骨料中砂的质量就会远远小于石子的质量，这时，混凝土的密实度和整体结构强度将受到严重影响，自身的黏聚性也将大幅降低，甚至极易发生崩散现象。

(2) 骨料性质与水灰比的影响

用于拌和混凝土的骨料主要包括卵石、级配碎石以及各种不同规格的砂子，如果施工单位选用细砂作为拌和骨料，混凝土将具有良好的黏聚性与保水性，如果选取河砂与卵石作为拌和骨料，混凝土将具有良好的流动性。另外，在预拌混凝土时，合理控制水灰比也能够有效改善混凝土的和易性。如果水灰比过大，混凝土的坍落度以及黏聚度将受到严重影响，如果水灰比过小，混凝土的流动性也将与标准要求相悖。

135. 粉煤灰的哪些性质将直接影响混凝土的质量？

粉煤灰的细度与其火山灰效应有直接关系。粉煤灰有利于活性的提高，有利于发挥填充效应，能提高混凝土的工作性和强度。烧失量主要反映粉煤灰中未燃尽碳的含量。未燃尽碳有害，含碳量越高，烧失量越大，则混凝土的需水量就越高，这就会造成混凝土水胶比增加或减水剂掺量的提高，同时粉煤灰烧失量也会影响混凝土拌和物中的含气量。需水量比会影响混凝土拌和物中减水剂掺量、需水量等特性。影响需水量比的因素除烧失量和细度外，还有微珠含量、形状等因素。规定含水量主要是为防止其活性降低，如C类粉煤灰自身具有水硬性等。与水泥一样，限制三氧化硫和游离氧化钙含量是体积安定性的需要，安定性不良，应用于混凝土中会发生质量隐患。C类粉煤灰中可能含有较多的游离氧化钙，不仅要对其含量进行检验，同时需增加物理性能检验，以严格控制其质量。限定碱含量是为了抑制碱骨料反应的出现。放射性限值要求是出于人体安全的考虑。均匀性是对粉煤灰产品稳定性的控制。

136. 在粉煤灰的使用过程中应注意哪些问题？

粉煤灰在使用过程中必须注意以下问题：粉煤灰虽然能改善混凝土拌和物的工作性，但如果坍落度太大，粉煤灰颗粒易上浮出现泌浆现象；在保持相同水胶比时，配制的混凝土早期强度较低，大掺量在较低气温下凝结缓慢；硬化混凝土早期孔隙率大，碳化问题突出；粉煤灰对水敏感，在无保湿措施的环境下，内部黏度增多，阻碍拌和物泌水而导致塑性开裂。粉煤灰应用时必须注意采取以下技术措施：第一，控制拌和物坍落度尽可能低；第二，施工时不可过多振捣，以避免粉煤灰颗粒上浮造成浮浆层太厚；第三，降低水胶比，保证大掺量粉煤灰混凝土的强度，特别是早期强度；第四，有效养护及足够的湿养护时间。

137. 在复合掺合料的使用过程中应注意哪些问题？

在矿物原料组成和比例相同时，比表面积越大，复合掺合料越细，活性越高。按复合使用的矿物原料不同，能用比表面积指标控制细度。在使用粉煤灰配制复合掺合料时，必须增加筛余指标控制细度。活性指数是复合掺合料的重要技术指标，对混凝土强度会有影响。流动比间接反映了复合掺合料用水量指标。规定含水量是为防止其活性受影响。三氧化硫含量过多，可能会影响混凝土体积稳定性，限制氯离子含量是为避免钢筋锈蚀。控制烧失量指标是为防止添加含碳量大或需水量大的劣质材料，有利于混凝土性能的提升。

138. 使用石灰石粉对混凝土的性能有什么影响？

石灰石粉在混凝土中可以产生填充效应、活性效应和加速效应。石灰石粉的填充能使水泥机体更为密实。石灰石粉的活性效应来源于其参与的水泥的水化反应，虽然这种作用十分微弱。石灰石粉的加速效应使其细小的颗粒可成为成核场所，加速水泥的水化，这种作用在早期是显著的。石灰石粉中致密且细小的碳酸钙颗粒在具有减水作用的同时，可降低浆体黏度，这是由其化学组成和表面性质决定的。碳酸钙的表面能低，有利于颗粒填充和分散。掺加石灰石粉的混凝土在寒冷气候下易受硫酸盐侵蚀，生成硅灰石膏而破坏。在结构或构件处于含硫酸盐的腐蚀条件中，在有水存在和低温环境下，会生成无胶凝性的硅灰石膏，造成混凝土软化。在低水胶比时没有破坏现象。由于石灰石粉基本属于惰性矿物掺合料，掺用石灰石粉的混凝土宜采用硅酸盐水泥，尽可能考虑与其他掺合料复合使用。在掺加较多的石灰石粉后，会明显影响混凝土的耐久性能和长期性能，如抗冻性能和收缩性能等。以普通硅酸盐水泥为例，石灰石粉掺量不宜超过20%。使用过程中必须考虑石灰石粉的均匀性和稳定性，防止使用掺加其他石粉或含土较多的石灰石粉，通过检验碳酸钙含量控制其他石粉的混入，检验MB值从而控制土的含量。

139. 掺用了矿渣粉的混凝土具有哪些特点？

第一，矿渣粉具有潜在的水硬性，单独加水可缓慢水化硬化，化学活性较高；第二，矿渣粉不宜粉磨得太粗，否则会使拌和物黏聚性下降，发生离析和泌水。在使用中必须控制其细度，适当加大其掺量。第三，在混凝土初始坍落度相同的条件下，可减少用水量。第四，与不掺加矿渣粉的混凝土相比，掺加矿渣粉后的混凝土有一定的缓凝效果。第五，掺加矿渣粉的混凝土必须加强养护，以充分发挥其性能优势。

140. 矿渣粉的哪些性质对混凝土性能有直接影响？

矿渣粉的密度具有自身特性，为保证粒化高炉矿渣的纯度，防止掺入其他物料可能造成其性能的变化，需对密度提出要求。矿渣粉的比表面积与其活性直接相关，细磨有利于其活性的提高及填充效应的发挥，从而提高混凝土强度。矿渣粉的活性指数是其活性大小的直观反映，而流动度是为满足混凝土工作性的需要。规定含水率主要是为防止其水化活性受到影响。与水泥一样，限制三氧化硫含量是出于安定性的需要。规定氯离子限量是防止混凝土中钢筋出现锈蚀。烧失量可显示矿渣粉可能混有其他组分，如果人为加入过多的石灰石粉，会使烧失量偏大，降低其水化活性。

2.2 四级/中级工

2.2.1 水泥基础知识

141. 什么是混合材料？常用混合材料有哪几种？水泥中为什么要掺加混合材料？

混合材料：在磨制水泥时，为改善水泥性能，调节水泥标号，增加水泥产量，降低能耗而掺入水泥中的人造或天然矿物材料，称为混合材料。

常用混合材料：工业矿渣、粉煤灰、煤矸石等。

因为混合材料可改善水泥性能，增加水泥产量，降低能耗，节省成本，还可废物利用，美化环境，所以水泥中要掺加混合材料。

142. 什么是水泥体积的安定性？引起水泥体积安定性不良的原因是什么？

水泥体积的安定性是指水泥浆体硬化后体积变化的稳定性，即水泥硬化浆体能保持一定的形状，具有不开裂、不变形、不溃散的性质。引起水泥体积安定性不良的原因是：①熟料中含有过多的游离氧化钙和游离氧化镁；②掺入石膏过多。

143. 水泥胶砂制备时每锅胶砂的材料标准用量是多少？

水泥：(450 ± 2) g；标准砂：(1350 ± 5) g；水：(225 ± 1) g。

144. 什么是标准粉？其用途是什么？如何使用？

标准粉：一种已知细度特性值的粉状有证标准物质。

用途：用来校准细度测量装置，保证细度检验结果的准确性。

用法：先用细度标准样测定测量装置的修正值或修正系数，再用修正值或修正系数修正细度测量结果。

145. 简述水泥净浆的拌制步骤。

先将搅拌锅和搅拌叶片用布擦干，将拌和水倒入搅拌锅内，然后在 5~10s 内将称好的 500g 水泥加入水中，需防止水泥溅出；拌和时，将锅放在搅拌机的锅座上，升至搅拌位置，启动搅拌机，低速搅拌 120s，停 15s，同时将叶片和锅壁上的水泥浆刮入锅中，高速搅拌 120s 后停机。

146. 试述水泥胶砂试件在水中养护的方法。

将做好标记的试件立即水平或竖直放在 (20 ± 1)℃水中养护，水平放置时刮平面应朝上。试件放在不易腐烂的篦子上，并彼此间保持一定间距，以让水与试件的六个面接触。养护期间试件之间间隔或试体上表面的水深不得小于 5mm。每个养护池只能养护同类型的水泥试件。最初用自来水装满养护池（或容器），随后随时加水保持适当的水位，不允许在养护期间全部换水。

除 24h 龄期或延迟至 48h 脱模的试件外，任何到龄期的试件应在试验（破型）前从水中取出。揩去试件表面沉积物，并用湿布覆盖至试验为止。

147. 水泥粉磨的定义是什么。

将熟料添加适量石膏，有时还加适量混合材料或外加剂共同磨细成水泥，称为水泥粉磨。

148. 胶凝材料的定义是什么。

混凝土中水泥和矿物掺合料的总称。

149. 请简述胶凝材料的定义及分类。

胶凝材料，又称胶结料。在物理、化学作用下，能从浆体变成坚固的石状体，并能胶结其他物料，制成有一定机械强度的复合固体的物质。土木工程材料中，凡是经过一系列物理、化学变化能将散粒状或块状材料黏结成整体的材料，统称为胶凝材料。胶凝材料是指通过自身的物理、化学作用，由可塑性浆体变为坚硬石状体的过程中，能将散粒或块状材料黏结成为整体的材料，亦称为胶结材料。根据化学组成的不同，胶凝材料可分为无机与有机两大类。石灰、石膏、水泥等建筑材料属于无机胶凝材料；而沥青、天然或合成树脂等属于有机胶凝材料。无机胶凝材料按硬化条件又可分为水硬性胶凝材料和气硬性胶凝材料。

150. 请简述水硬性胶凝材料的定义。

水硬性胶凝材料：和水成浆后，既能在空气中硬化，又能在水中硬化、保持和继续发展其强度的称水硬性胶凝材料。这类材料通称为水泥，如硅酸盐水泥、铝酸盐水泥、硫铝酸盐水泥等。

151. 请简述非水硬性（气硬性）胶凝材料的定义。

非水硬性（气硬性）胶凝材料：无机胶凝材料的一种。只能在空气中硬化，并保持和发展其强度的称非水硬性（气硬性）胶凝材料，如石灰、石膏和水玻璃等；非水硬性（气硬性）胶凝材料一般只适用于干燥环境中，而不宜用于潮湿环境，更不可用于水中。

152. 什么是水泥助磨剂？

是指在水泥粉磨时加入的起助磨作用而又不损害水泥性能的外加剂。水泥助磨剂能消除"静电屏蔽"的作用，防止物料黏球、糊段、堵塞隔仓板和篦板，同时促成磨内处于亚饱和或不饱和的电介质趋于饱和的稳定状态，从而能有效地抑制细小微粉重新聚成团产生小颗粒、大颗粒；多功能复合水泥助磨剂，除了具有提高水泥粉磨效率的作用外，还具有提高水泥各龄期强度的效果。由此可见，水泥企业如果能合理地应用水泥助磨剂产品，不仅能大幅度提高水泥的产量，而且还能降低熟料的消耗、节约能耗、综合利用资源、减排粉尘和废气（二氧化碳、二氧化硫、氮氧化合物等），提高综合经济效益，大大提升企业在市场上的竞争力。

153. 判断水泥是否合格的化学指标包括哪些内容？

不溶物、烧失量、三氧化硫、氧化镁、氯离子。

154. 三氧化硫的主要来源是什么？危害有哪些？

来源：主要是生产水泥时为调节凝结时间加石膏而带入的。此外，水泥中掺入窑

灰、采用石膏矿化剂、使用高硫燃煤等都会把 SO_3 带入熟料。

危害：硅酸盐水泥中 SO_3 含量超过 3.5% 后，强度下降，膨胀率上升，硬化后水泥的体积膨胀，甚至会导致结构破坏。（原因：水泥中过量的三氧化硫会与水化铝酸钙反应生成高硫型水化硫铝酸钙，也叫钙矾石，体积约膨胀 1.5 倍，将会引起水泥石开裂。）硅酸盐水泥、普通硅酸盐水泥的 SO_3 含量：≤3.5%。

155. 什么是筛余？

筛余是粉状物料细度的表示方法。一定质量的粉状物料在试验筛上筛分后所残留于筛上部分的质量百分数。

156. 什么是比表面积？比表面积的测定方法是什么？

比表面积是指单位质量物料所具有的表面积，单位是 m^2/kg。通常用透气法比表面积仪测定水泥的比表面积。

157. 什么是粒度分布？

不同尺寸的颗粒在粉状物料中分布的质量百分比。

158. 什么是硅酸盐水泥熟料？

硅酸盐水泥熟料简称水泥熟料，是一种由主要含 CaO、SiO_2、Al_2O_3、Fe_2O_3 的原料按适当配比，磨成细粉，烧至部分熔融，所得以硅酸钙为主要矿物成分的水硬性胶凝物质。

159. 什么是石灰？请简述其主要特点。

石灰是一种以氧化钙为主要成分的气硬性无机胶凝材料。石灰是用石灰石、白云石、白垩、贝壳等碳酸钙含量高的原料，经 900~1100℃ 高温煅烧而成，是人类最早应用的胶凝材料。石灰在土木工程中应用范围很广，在我国还可用在医药领域。

石灰粒子形成氢氧化钙胶体结构，颗粒极细（粒径约为 $1\mu m$），比表面积较大（达 $10\sim30\ m^2/g$），其表面能够吸附一层较厚的水膜，可吸附大量的水，因而有较强保持水分的能力，即保水性好。将它掺入水泥砂浆中，配成混合砂浆，可显著提高砂浆的和易性。

石灰依靠干燥结晶以及碳化作用而硬化，由于空气中的二氧化碳含量较低，且碳化后形成的碳酸钙硬壳会阻止二氧化碳向内部渗透，同时也会影响水分向外蒸发，因而硬化缓慢，硬化后的强度也不高，1:3 的石灰砂浆 28 d 的抗压强度只有 0.2~0.5 MPa。在处于潮湿环境时，石灰中的水分不蒸发，二氧化碳也无法渗入，硬化将停止，加上氢氧化钙易溶于水，已硬化的石灰遇水会溶解溃散。因此，石灰不宜在长期潮湿或受水浸泡的环境中使用。

石灰在硬化过程中，要蒸发掉大量的水分，引起体积显著收缩，易出现干缩裂缝。所以，石灰不宜单独使用，一般要掺入砂、纸筋、麻刀等材料，以减少收缩，增加抗拉强度，并能节约石灰用量。

石灰具有较强的碱性，在常温下，能与玻璃态的活性氧化硅或活性氧化铝反应，生成有水硬性的产物，并产生胶结。因此，石灰还是建筑工程中重要的原材料。

160. 什么是石膏？请简述其主要特点。

石膏是一种以硫酸钙（$CaSO_4$）为主要成分的气硬性无机胶凝材料。其品种主要有建筑石膏、高强石膏、粉刷石膏、无水石膏水泥、高温煅烧石膏等。其中，以半水石膏（$CaSO_4 \cdot 1/2H_2O$）为主要成分的建筑石膏和高强石膏在建筑工程中应用较多，最常用的是建筑石膏。

建筑石膏是以β型半水石膏（$\beta\text{-}CaSO_4 \cdot 1/2H_2O$）为主要成分，不添加任何外加剂的粉状胶结料，主要用于制作石膏建筑制品。建筑石膏色白，杂质含量较少，粒度较细，亦称型石膏，是制作装饰制品的主要原料。由于建筑石膏颗粒较细，比表面积较大，故拌和时需水量较大，因而强度较低。

（1）凝结硬化快。石膏浆体的初凝和终凝时间都很短，一般初凝时间为几分钟至十几分钟，终凝时间在半小时以内，一星期左右可完全硬化。为满足施工要求，需要加入缓凝剂，如硼砂、酒石酸钾钠、柠檬酸、聚乙烯醇、石灰活化骨胶或皮胶等。

（2）硬化时体积微膨胀。石膏浆体凝结硬化时不像石灰、水泥那样会出现收缩，反而略有膨胀（膨胀率约为1%），使石膏硬化体表面光滑饱满，可制作出纹理细致的浮雕花饰。

（3）硬化后孔隙率高。石膏浆体硬化后内部孔隙率可达50%～60%，因而石膏制品具有表观密度较小、强度较低、导热系数小、吸声性强、吸湿性大、可调节室内温度和湿度的特点。

（4）防火性能好。石膏制品在遇火灾时，二水石膏将脱出结晶水，吸热蒸发，并在制品表面形成蒸汽幕和脱水物隔热层，可有效减小火焰对内部结构的危害。建筑石膏制品在防火的同时自身也会遭到损坏，且不宜长期用于靠近65℃以上高温的部位，以免二水石膏在此温度下失去结晶水，从而失去强度。

（5）耐水性和抗冻性差。建筑石膏硬化体的吸湿性强，吸收的水分会减弱石膏晶粒间的结合力，使强度显著降低；若长期浸水，还会因二水石膏晶体逐渐溶解而导致石膏制品吸水饱和后受冻，因孔隙中水分结晶膨胀而破坏。所以，石膏制品的耐水性和抗冻性较差，不宜用于潮湿部位。为提高其耐水性，可加入适量的水泥、矿渣等水硬性材料，也可加入有机防水剂等，以改善石膏制品的孔隙状态或使孔壁具有憎水性。

2.2.2 砂基础知识

161. 废混凝土、砖石及工业废渣是否可以生产骨料？

废混凝土、砖石及工业废渣使用专门设备经过分拣、清洗、破碎、筛分等工艺过程，生产出机制砂。但当前行业内主要还是用于生产再生粗骨料。

骨料——混凝土的主要原料，在建筑物中起到骨架和支撑作用，对于混凝土的力学性能和耐久性能起着决定性作用。通常情况下，粒径大于4.75mm的再生骨料称为再生粗骨料，而粒径在4.75mm以下的再生粗骨料称为再生细骨料。在再生粗骨料生产过程中，废弃混凝土在破碎机中不断受到冲撞、挤压和磨损，使得表面较为粗糙、棱角较多，再加上内部损伤积累，产生许多微裂纹，使得再生骨料表面包裹的砂浆成为再生骨料的缺点，是导致再生粗骨料性能劣于天然骨料的最主要原因。由于养护条件、试验条件等因素的差异，国内外学者们对于再生粗骨料的物理性质（包括表观密度、吸水率、压碎指标等在内）有一定的离散性。但许多国内外学者的研究趋向一致：再生粗骨料的空隙率和压碎指标大于天然粗骨料，而其表观密度却低于天然粗骨料。再生混凝土抗冻性与取代率有着很大的负增长关系；试验结果表明，经过一定冻融循环次数后，取代率不同的再生混凝土与普通混凝土相比质量损失差别不大，强度损失却呈增大趋势。试验研究发现，再生粗骨料取代率的增加，使得试件的质量损失增加，相对动弹性模量也有所增加。

162. 机制砂出现的原因是什么？

机制砂生产及应用主要有四个方面的原因：大型或专项建设工程对砂石骨料质量要求严格且用量巨大，天然砂难以满足要求；天然砂资源过度消耗，供给逐渐短缺；天然砂质量低劣、产量不稳定，且价格高、低值和区域性特别明显；环境保护需要，减少或禁止开采河砂、山砂。

机制砂在破碎过程中由于母岩成分和破碎比的差异，机制砂颗粒通常表现出独特的几何特征：棱角锋利、表面粗糙。机制砂表面粗糙度低于河砂，主要原因是机制砂表面由光滑的新破碎晶体组成，且破碎工艺的不同导致岩石切断面的粗糙程度不同。粗糙的机制砂颗粒可以产生临界状态摩擦角，成角状态能够增强浆体与骨料之间的互锁结构，进而增强混凝土的力学性能。

163. 从目前来看，推广应用机制砂的优势是什么？

粗糙的机制砂颗粒可以产生临界状态摩擦角，成角状态能够增强浆体与骨料之间的互锁结构，进而增强混凝土的力学性能。机制砂的主要优势：一是机制砂料源固定、稳定，专业化和批量化的生产方式，保证了机制砂产品的质量相对稳定。二是有较好的级配，原料成分可选择；颗粒级配稳定、可调整；粒形可改善。三是有固定的生产场所，适合工业信息化管理和环境治理。四是可利用各种矿山废石、建筑垃圾以及工业废渣等生产机制砂，既减少了环境污染，又提高了自然资源利用率。

164. 为什么山砂和海砂的质量比河砂差？

一般山砂风化较严重，含泥量较多，含有机杂质和轻物质也较多；海砂中常含有贝壳等杂质，另外所含氯盐、硫酸盐、镁盐会引起钢筋的腐蚀，这些物质都会影响混凝土的性能。故山砂和海砂的质量较河砂差。

165. 机制砂的推广应用，在其质量及生产方面面临哪些问题？

目前主要面临的问题有：粒形不好，针片状过多，受岩石材质及设备类型限制较大；颗粒级配较差，细度模数偏大；石粉含量较高，水洗除泥粉又面临级配不合理、颗粒较大等问题；观念落后，部分地区依然用风化的山砂和石屑经水洗或简单加工作为机制砂；生产过程中能耗和环境保护压力依然较大。

混凝土是现代土木工程中用量最大、用途最广的建筑材料，其中，砂同石子、水泥一样，是混凝土的重要组成部分。随着我国交通水电基础设施、工业与民用建筑的大力发展，建筑用砂的需求量越来越大。为了更好地保护环境，国家在有些地区禁止或限制天然砂的无序开采,因而导致天然砂资源的短缺。在我国有些地区,天然砂资源匮乏,同时考虑到远距离运砂的成本等因素,很多工程都进行了用机制砂代替天然砂的研究,积累了一定的经验,如三峡工程、黄河小浪底工程等。

166. 机制砂(骨料)颗粒含水率与吸水率的区别是什么?

机制砂颗粒吸水率是机制砂颗粒的固有特性,不会随环境的变化而变化。含水率则正好相反。材料在水中吸收水分达到饱和状态时,吸收水分的质量占材料干燥质量的百分率即为材料的吸水率。对于同一种材料来说,吸水率为定值。材料吸水率与材料的孔隙率和孔隙构造特征有密切的关系。一般来说,密实材料或具有闭口孔隙的材料是不吸水的;具有粗大孔隙的材料因其水分不易留存,吸水率一般小于孔隙率;而孔隙率较大且有细小开口连通孔隙的亲水材料,吸水率较大。材料吸收水分后,不仅表观密度增大、强度及保温、隔热性能降低,而且更易受冰冻损坏。

167. 什么是机制砂饱和面干?

机制砂内部孔隙含水量达到饱和而其表面干燥,就含水率而言,一般不会超过6%。

168. 机制砂混凝土有什么特点?应用范围有哪些?

以机制砂为细骨料配制的混凝土就是机制砂混凝土。我国一半以上的地区已出现天然砂资源短缺的状况,受天然砂资源匮乏的限制,建筑用砂供需矛盾突出。在探寻天然砂替代品的过程中,物美价廉且环保的机制砂被寄予厚望。机制砂,即人工制砂,主要是通过机械设备破碎岩石物料,经过振动筛分设备筛分出来的粒径小于4.75mm的岩石颗粒。机制砂原料充足,用石头可以生产机制砂,城市建筑废料和矿山尾矿也可开发成机制砂原料,包括硬质石灰石、花岗岩、玄武岩、河卵石、玻璃等。机制砂在我国出现已经有几十年,近几年日益蓬勃发展,各种制砂生产线被研制并投入市场,机制砂应用技术也在不断发展和完善,市场逐渐成熟。机制砂主要应用于建筑、市政、交通等建设工程中不同强度等级的混凝土,在优化配合比后,各项性能可以达到高强度混凝土要求,可用于港口和水利等混凝土工程。在交通建设方面:公路及铁路具有点多、面广、战线长的特点,在这类工程建设中机制砂往往就地取材,公路砂石还会根据产品质地情况进行分类堆放,其中比较好的机制砂应用于桥梁、涵洞等重点部位,质量一般的用于不太重要的部位,如护坡、路地分界桩等。在房地产建筑方面:随着城镇化进程的加快,所需混凝土量十分巨大,而普通混凝土及高强度泵送混凝土均可采用机制砂配制,在严格控制原材料质量和按照配合比施工的前提下,配制的机制砂混凝土可以保证混凝土的和易性、流动性、可泵性、强度、抗渗等性能,同时还可保证混凝土不易开裂。在水利工程方面:水利工程一般体型巨大、建设周期长、建筑物分布置比较集中,机制砂被视为重要的辅助材料,规模往往较大,现代化程度也比较高。

169. 机制砂粒形对混凝土的应用非常重要,它的影响主要体现在哪几个方面?

机制砂粒形对混凝土的影响主要表现在以下几个方面:

粒形的规则与否直接影响机制砂骨料自身的堆积密度和空隙率大小,从而影响填充骨料空隙的水泥浆体的体积;不规则的粒形具有更大的比表面积,需要包裹的浆体更多;影响新拌混凝土的工作性能及它与水泥浆体界面的机械啮合力等。

170. 为什么碎石粒形对混凝土力学性能有利？

一般卵（砾）石具有球形颗粒外形与光滑表面构造，碎石则为棱角颗粒和粗糙表面，粗糙表面具有良好的黏结作用，有利于强度的发展。混凝土骨料的质量直接影响混凝土的工作性能、力学性能及耐久性。

171. 机制砂是否可以应用于高强混凝土？

机制砂可以应用于高强混凝土且应用将会越来越广泛。由于建筑用砂需求量较大，天然河砂供应量不足，因此急需寻求一种新的砂源替代天然河砂。天然河砂的替代品有两个选择：①海砂；②机制砂。作为替代品，需要拥有与天然河砂高度相似的基本功能，但海砂替代天然河砂的想法一提出就被否定了，因海砂中含有大量的氯离子，用海砂制成的混凝土对钢筋有腐蚀性，从而降低了建筑质量以及使用寿命，所以用海砂替代天然河砂被直接否定。利用天然矿石、鹅卵石及建筑废料中的大块混凝土废料作为原料制备机制砂，可以部分或全部替代天然砂制备混凝土，可以达到以可持续发展为目标的绿色建筑。

机制砂以天然石材作为原料，经机器加工而制成，在成本上与天然河砂相近，不会额外增加建筑成本。因而，机制砂替代天然砂制备混凝土在土木、交通等领域有良好的应用前景。众所周知，机制砂与河砂在形状、颗粒级配以及石粉含量方面存在较大区别，从而导致了机制砂混凝土与普通混凝土各项性能上的差别。现有的研究表明，使用机制砂部分或者全部替代天然砂制备的混凝土强度高，但延性差，相比较而言更容易出现脆性破坏。在传统的钢筋混凝土结构中，使用箍筋约束核心混凝土以防止混凝土脆性破坏是较为常见的办法。但随着混凝土强度的提高，箍筋所能提供的约束能力不足、约束效应明显减弱。在使用高强混凝土作为建筑基体时，为防止脆性破坏，往往需要较密集的箍筋，而箍筋数量的增加将直接影响混凝土的浇筑质量。为了改善机制砂的延性，充分利用机制砂混凝土的优势，加速机制砂在实际工程中的应用，机制砂混凝土更多地被运用到组合结构上。通过组合结构与机制砂混凝土的有机结合，既保留了组合结构的承载力高、抗震性能好、延性好的特点，又使得机制砂混凝土的缺点（延性差）得到明显改善。常见的钢-混凝土组合结构有：型钢混凝土、钢管约束混凝土、双钢管约束混凝土、FRP（Fiber Reinforced Polymer）约束钢管混凝土等。目前，大量的研究都集中在普通强度钢管约束混凝土柱试验，但在众多学者的研究中表明，在普通钢管约束高强混凝土的试验中，钢管的约束效应并不能有效约束高强混凝土。因高强混凝土在受压破坏时都表现为劈裂破坏，因此在高强混凝土发生脆性破坏时外部钢管已不能制约高强混凝土的变形。该类型在受压过程表现的是钢管变形→内部高强混凝土变形→混凝土劈裂导致钢管严重变形，在整个发展过程中，钢管所提供的约束效应就起了关键性的作用。一部分学者致力于采用高强钢管约束高强混凝土柱的研究，研究表明，相较于普通钢管约束高强混凝土而言，高强钢管的约束效应明显更好，并且内部混凝土劈裂变形有所改善，高强钢管变形表现出更好的延性。因此，高强钢管高强机制砂混凝土柱构件能极大程度地发挥高强钢管的约束效应与混凝土高抗压承载力的优点。

172. 机制砂中的含泥量对混凝土的性能有何影响？

试验证明机制砂中含泥量对混凝土的抗压强度、抗拉强度、抗折强度、弹性模量、收缩、抗冻、抗渗等均有影响。一般来说，对高强度等级混凝土的影响比对低等级混凝土的影响大。黏土是砂石表面吸附的主要泥成分，黏土中层状硅酸盐矿物对聚羧酸减水剂分子有吸附能力，且吸附能力远大于水泥，一部分的聚羧酸减水剂分子被吸附进黏土层状结构中，导致聚羧酸减水剂在水泥浆体系中起到分散作用的有效分子减少，聚羧酸减水剂的功效降低，未能充分发挥减水作用，混凝土流动性相对减弱。骨料含泥量过高会导致减水剂的减水率不足，影响新拌混凝土的工作性能及混凝土后期的强度发展和耐久性。机制砂中的含泥量增大，会对机制砂混凝土拌和物的施工性能和技术指标造成较大影响。针对骨料高含泥量的问题，寻找有助于改善机制砂混凝土的施工性能的阻泥剂已迫在眉睫。目前市场上有针对机制砂含泥量高的阻泥剂产品，且部分减水剂厂家已使用相关阻泥剂产品，寻找性能更加稳定、优异的产品来提高机制砂混凝土的抗泥性能、保坍性能，优化减水剂成本。

173. 石粉对混凝土的性能有何影响？

研究表明，机制砂中含有 5%～10% 的石粉，有利于改善普通中低强度特别是泵送中低强度机制砂混凝土的和易性，配制的混凝土强度等级越低、流动性越大，机制砂石粉含量宜控制越高。

174. 砂石骨料对混凝土力学性能的影响主要体现在哪几个方面？

砂石骨料对混凝土力学性能的影响主要体现在强度、弹性模量和耐久性等方面。

175. 石灰石机制砂石粉的活性效应主要体现在哪些方面？

国内外普遍认为，石灰石粉的活性效应主要体现在：①石灰石粉可以与水泥水化反应生成碱式碳酸钙；②石灰石粉的铝相反应；③石灰石粉对水泥水化的促进作用。

176. 机制砂生产的基本工艺流程是什么？

机制砂生产工艺流程多种多样，但无论设备规模有多大，基本生产流程一般都可分为以下几个阶段：矿山块石→粗碎→中碎（部分设置筛分）→细碎→筛分→除尘→机制砂。

2.2.3 碎石进厂检验

177. 请简述测定碎石或卵石的颗粒级配的操作要点。

将试样按筛孔大小顺序过筛，当每只筛上的筛余层厚度大于试样的最大粒径值时，应将该筛上的筛余试样分成两份，再次进行筛分，直至各筛每分钟的通过量不超过试样总量的 0.1%；当筛余试样的颗粒粒径比公称粒径大 20mm 以上时，在筛分过程中，允许用手拨动颗粒。

称取各筛筛余的质量，精确至试样总质量的 0.1%。各筛的分计筛余量和筛底剩余量的总和与筛分前测定的试样总量相比，相差不得超过 1%。

筛分试验结果应按下列步骤计算：

（1）计算分计筛余（各筛上筛余量除以试样的百分率），精确至 0.1%；

（2）计算累计筛余（该筛的分计筛余与筛孔大于该筛的各筛的分计筛余百分率之总

和），精确至1%；

(3) 根据各筛的累计筛余，评定该试样的颗粒级配。

178. 请简述碎石或卵石的表观密度试验（标准法）的测试要点。

(1) 试验前，将样品筛除公称粒径为5.00mm以下的颗粒，冲洗干净后分成两份备用。

(2) 取试样一份装入吊篮，并浸入盛水的容器中，水面至少高出试样50mm；浸水24h后，移放到称量用的盛水容器中，并用上下升降吊篮的方法排除气泡（试样不得露出水面）。吊篮每升降一次约为1s，升降高度为30～50mm；测定水温（此时吊篮应全浸在水中），用天平称取吊篮及试样在水中的质量。称量时盛水容器中水面的高度由容器的溢流口控制；提起吊篮，将试样置于浅盘中，放入（105±5）℃的烘箱中烘干至恒重；取出放在带盖的容器中，冷却至室温后，称重；称取吊篮在同样温度的水中质量，称量时盛水容器的水面高度仍应由溢流口控制。

恒重是指相邻两次称量间隔时间不小于3h的情况下，其前后两次称量之差小于该项试验所要求的称量精度。试验的各项称重可以在15～25℃的温度范围内进行，但从试样加水静置算起的最后2h直至试验结束，其温度相差不应超过2℃。

(3) 以两次试验结果的算术平均值作为测定值。若两次结果之差大于20kg/m³时，应重新取样进行试验。对颗粒材质不均匀的试样，两次试验结果之差大于20kg/m³时，可取四次测定结果的算术平均值作为测定值。

179. 请简述测定碎石或卵石中泥块含量的试验要点。

(1) 筛去公称粒径为5.00mm以下颗粒，称取质量；

(2) 将试样在容器中摊平，加入饮用水使水面高出试样表面，24h后把水放出，用手碾压泥块，然后把试样放在公称直径为2.50mm的方孔筛上摇动淘洗，直至洗出的水清澈为止；

(3) 将试样小心地从筛里取出，置于温度为（105±5）℃烘箱中烘干至恒重。取出冷却至室温后称取质量。

180. 请简述碎石或卵石中针状或片状颗粒的试验判断要点。

按下表所规定的粒级用规准仪逐粒对试样进行针状或片状颗粒鉴定，凡颗粒长度大于针状规准仪上相对应的间距的，为针状颗粒。厚度小于片状规准仪上相应孔宽的，为片状颗粒。

公称粒级（mm）	5.00～10.0	10.0～16.0	16.0～20.0	20.0～25.0	25.0～31.5	31.5～40.0
片状规准仪上相对应的间距	2.8	5.1	7.0	9.1	11.6	13.8
针状规准仪上相对应的间距	17.1	30.6	42.0	54.6	69.6	82.8

181. 请简述卵石中有机物含量试验的操作要点。

试样的制备和标准溶液的配制应符合下列规定：

试样制备：筛除样品中公称粒径为20mm以上的颗粒，缩分至约1kg，风干后备用；

标准溶液的配制方法：称取 2g 鞣酸粉，溶解于 98mL 浓度为 10％的酒精溶液中，即得所需的鞣酸溶液，然后取该溶液 2.5mL，注入 97.5mL 浓度为 3％的氢氧化钠溶液中，加塞后剧烈摇动，静置 24h 即得标准溶液。

有机物含量试验应按下列步骤进行：

向容积为 1000mL 的量筒中倒入干试样至 600mL 刻度处，再注入浓度为 3％的氢氧化钠溶液至 800mL 刻度处，剧烈搅动后静置 24h；

比较试样上部溶液和新配制标准溶液的颜色差别。盛装标准溶液与盛装试样的量筒容积应一致。

182. 请简述碎石或卵石的坚固性试验的操作要点。

硫酸钠溶液的配制及试样的制备应符合下列规定：

硫酸钠溶液的配制：取一定体积的蒸馏水（取决于试样及容器的大小）。加温至 30～50℃，每 1000mL 蒸馏水加入无水硫酸钠（Na_2SO_4）300～350g，用玻璃棒搅拌，使其溶解至饱和状态，然后冷却至 20～25℃。在此温度下静置两昼夜。其密度保持在 1151～1174kg/m^3 范围内；

试样的制备：将样品分级并分别擦拭干净，放入温度为 105～110℃烘箱内烘 24h，取出并冷却至室温，然后称取试样。

坚固性试验应按下列步骤进行：

将所称取的不同粒级的试样分别装入三脚网篮并浸入盛有硫酸钠溶液的容器中。溶液体积应不小于试样总体积的 5 倍，其温度保持在 20～25℃的范围内。三脚网篮浸入溶液时应先上下升降 25 次，以排除试样中的气泡，然后静置于该容器中。此时，网篮底面应距容器底面约 30mm（由网篮脚控制），网篮之间的间距应不小于 30mm，试样表面至少应在液面下 30mm。

浸泡 20h 后，从溶液中提出网篮，放在温度为（105±5）℃的烘箱中烘 4h。至此，完成了第一个试验循环。待试样冷却至 20～25℃后，即开始第二次循环。从第二次循环开始，浸泡及烘烤时间均为 4h。

第五次循环结束后，将试样置于 25～30℃的清水中洗净硫酸钠，再放入温度为（105±5）℃的烘箱中烘至恒重。取出冷却至室温后，用筛孔孔径为试样粒级下限的筛过筛，并称取各粒级试样试验后的筛余量。

试样中硫酸钠是否洗净，可按下法进行检验：取洗试样的水数毫升，滴入少量氯化钡（$BaCl_2$）溶液，如无白色沉淀，即说明硫酸钠已被洗净。

对公称粒径大于 20mm 的试样部分，应在试验前后记录其颗粒数量，并作外观检查，描述颗粒的裂缝、开裂、剥落、掉边和掉角等情况所占颗粒数量，以作为分析其坚固性时的补充依据。

183. 请简述岩石的抗压强度试验的操作要点。

岩石抗压强度试验应按下列步骤进行：

（1）用游标卡尺量取试件的尺寸（精确至 0.1mm），对于立方体试件，在顶面和底面上各量取其边长，以每个面上相互平行的两个边长的算术平均值作为宽或高，由此计算面积。对于圆柱体试件，在顶面和底面上各量取相互垂直的两个直径，以其算术平均值计算面积。取顶面和底面面积的算术平均值作为计算抗压强度所用的截面积。

(2) 将试件置于水中浸泡 48h，水面应至少高出试件顶面 20mm。

(3) 取出试件，擦干表面，放在有防护网的压力机上进行强度试验，应注意防止岩石碎片伤人。试验时加压速度应为 0.5～1MPa/s。

184. 请简述碎石或卵石的压碎值指标试验的操作步骤。

碎石或卵石的压碎值指标试验应按下列步骤进行：

置圆筒于底盘上，取试样一份，分两层装入圆筒。每装完一层试样后，在底盘下面垫放一直径为 10mm 的圆钢筋，将筒按住，左右交替颠击地面各 25 下。第二层颠实后，试样表面距盘底的高度应控制为 100mm 左右。

整平筒内试样表面，将加压头装好（注意应使加压头保持平正），放到试验机上在 160～300s 内均匀地加荷到 200kN，并稳定 5s，然后卸荷，取出测定筒。倒出筒中的试样并称其质量，用公称直径为 2.50mm 的方孔筛筛除被压碎的细粒，称量残留在筛上的试样质量。

185. 请简述测定碎石或卵石中硫化物及硫酸盐含量试验的操作步骤。

精确称取石粉试样约 1g 放入 300mL 的烧杯中，加入 30～40mL 蒸馏水及 10mL 盐酸，加热至微沸，并保持微沸 5min，使试样充分分解后取下，用中速滤纸过滤，用温水洗涤 10～12 次；

调整滤液体积至 200mL，煮沸，边搅拌边滴加 10mL 氯化钡溶液（10%），并将溶液煮沸数分钟，然后移至温热处至少静置 4h（此时溶液体积应保持在 200mL），用慢速滤纸过滤，用温水洗至无氯离子反应（用硝酸银溶液检验）；

将沉淀及滤纸一并移入已灼烧至恒重的瓷坩埚中，灰化后在 800℃ 的高温炉内灼烧 30min。取出坩埚，置于干燥器中冷却至室温，称重，如此反复灼烧，直至恒重。

以两次试验的算术平均值作为评定指标，当两次试验结果的差值大于 0.15% 时，应重做试验。

186. 请简述碎石或卵石的碱活性测试方法（岩相法）的注意事项。

(1) 用肉眼逐粒观察试样，必要时将试样放在砧板上用地质锤击碎（应使岩石碎片损失最小），观察颗粒新鲜断面。将试样按岩石品种进行分类。

(2) 每类岩石应先确定其品种及外观品质，包括矿物质成分、风化程度、有无裂缝、坚硬性、有无包裹体及断口形状等。

(3) 每类岩石均应制成若干薄片，在显微镜下鉴定矿物质组成、结构等，特别应测定其隐晶质、玻璃质成分的含量。

(4) 结果处理应符合下列规定：

根据岩相鉴定结果，对于不含活性矿物的岩石，可评定为非碱活性骨料。

187. 请简述碎石或卵石的碱活性（快速法）的测试方法及操作步骤。

将试件缩分成约 5kg，破碎后筛分成按下表级配及比例组合成试验用料，并洗净烘干或晾干备用；

公称粒级	5.00～2.50mm	2.50～1.25mm	1.25～0.63mm	0.63～0.315mm	0.315～0.16mm
分级质量（%）	10	25	25	25	15

水泥采用符合现行国家标准《通用硅酸盐水泥》（GB 175—2007）要求的普通硅酸盐水泥，水泥与砂的质量比为1：2.25，水灰比为0.47，每组试件称取水泥440g，石料990g；

将称好的水泥与砂倒入搅拌锅，应按现行国家标准《水泥胶砂强度检验方法（ISO法）》（GB/T 17671—2021）规定的方法进行；

搅拌完成后，将砂浆分两层装入试模内，每层捣20次，测头周围应捣实，浇捣完毕后用馒刀刮除多余砂浆，抹平表面，并标明测定方向及编号。

将试件成型完毕后，带模放入标准养护室，养护（24±4）h后脱模。

脱模后，将试件浸泡在装有自来水的养护筒中，并将养护筒放入温度（80±2）℃的恒温养护箱或水浴箱中，养护24h，同种骨料制成的试件放在同一个养护筒中。然后将养护筒逐个取出，每次从养护筒中取出一个试件，用抹布擦干表面，立即用测长仪测试件的基长（L_0），测长应在（20±2）℃恒温室中进行，每个试件至少重复测试两次，取差值在仪器精度范围内的两个读数的平均值作为长度测定值（精确至0.02mm），每次每个试件的测量方向应一致，待测的试件须用湿布覆盖，以防止水分蒸发；从取出试件擦干到读数完成应在（15±5）s内结束，读完数后的试件用湿布覆盖。全部试件测完基长后，将试件放入装有浓度为1mol/L氢氧化钠溶液的养护筒中，确保试件被完全浸泡，且溶液温度应保持在（80±2）℃，将养护筒放回恒温养护箱或水浴箱中。

注：用测长仪测定任一组试件的长度时，均应先调整测长仪的零点。

自测定基长之日起，第3d、7d、14d再分别测长（L_t），测长方法与测基长方法一致。测量结束后，应将试件调头放入原养护筒，盖好筒盖放回温度为（80±2）℃的恒温养护箱或水浴箱中，继续养护至下一测试龄期。操作时应防止氢氧化钠溶液溢溅烧伤皮肤。

在测量时应观察试件的变形、裂缝和渗出物等，特别应观察有无胶体物质，并作详细记录。

试件的膨胀率按下式计算，精确至0.01%：

$$\varepsilon_t = \frac{L_t - L_0}{L_0 - 2\Delta} \times 100\%$$

式中：

ε_t——试件在 t 天龄期的膨胀率（%）；

L_0——试件的基长（mm）；

L_t——试件在 t 天龄期的长度（mm）；

Δ——测头长度（mm）。

以三个试件膨胀率的平均值作为某一龄期膨胀率的测定值。

任一试件的膨胀率与平均值应符合下列规定：当平均值小于或等于0.05%时，单个测值与平均值的差值均应小于 0.01%；当平均值大于 0.05% 时，单个测值与平均值的差值均应小于平均值的 20%；当三个试件的膨胀率均大于 0.1% 时，无精度要求；当不符合上述要求时，去掉膨胀率最小的，用其他两个试件膨胀率的平均值作为该龄期的膨胀率。

结果评定应符合下列规定：

当 14d 膨胀率小于 0.1% 时，可判定为无潜在危害；当 14d 膨胀率大于 0.2% 时，可判定为有潜在危害；当 14d 膨胀率在 0.1%～0.2% 之间时，需按砂浆长度法再次进行试验判定。

188. 请简述碎石或卵石的碱活性（砂浆长度法）的测试方法及操作步骤。

制备试样的材料应符合下列规定：

水泥：水泥含碱量应为 1.2%，低于此值时，可掺浓度 10% 的氢氧化钠溶液，将碱含量调至水泥用量的 1.2%。当具体工程所用水泥含碱量高于此值时，则应采用工程所使用的水泥。

石料：将试件缩分至约 5kg，破碎筛分后，各粒级都应在筛上用水冲净黏附在骨料上的淤泥和细粉，然后烘干备用。石料按下表的级配配成试验用料。

公称粒级	5.00～2.50mm	2.50～1.25mm	1.25～0.63mm	0.63～0.315mm	0.315～0.16mm
分级质量（%）	10	25	25	25	15

水泥与石料的质量比为 1∶2.25。每组 3 个试件，共需水泥 440g，石料 990g。砂浆用水量按现行国家标准《水泥胶砂流动度测定方法》（GB/T 2419—2005）确定，跳桌跳动次数应为 6s 跳动 10 次，流动度应为 105～120mm。

砂浆长度法试验所用试件应按下列方法制作：

成型前 24h，将试验所用材料（水泥、骨料、拌和用水等）放入（20±2）℃的恒温室中。

石料水泥浆制备：先将称好的水泥、石料倒入搅拌锅内，开动搅拌机。拌和 5s 后，徐徐加水，20～30s 加完，自开动机器起搅拌 120s。将粘在叶片上的料刮下，取下搅拌锅。

砂浆分两层装入试模内，每层捣 20 次，测头周围应捣实，浇捣完毕后用馒刀刮除多余的砂浆，抹平表面，并标明测定方向及编号。

砂浆长度法试验应按下列步骤进行：

试件成型完毕后，带模放入标准养护室，养护 24h 后，脱模（当试件强度较低时，可延至 48h 脱模）。脱模后立即测量试件的基长（L_0），测长应在（20±2）℃的恒温室中进行，每个试件至少重复测试两次，取差值在仪器精度范围内的两个读数的平均值作为测定值。待测的试件须用湿布覆盖，防止水分蒸发。测量后将试件放入养护筒中，盖严筒盖放入（40±2）℃的养护室里养护（同一筒内的试件品种应相同）。

自测量基长起，第 14 天、1 个月、2 个月、3 个月、6 个月再分别测长（L_t），需要时可以适当延长。在测长前一天，应把养护筒从（40±2）℃的养护室取出，放入（20±2）℃的恒温室。试件的测长方法与测基长相同，测量完毕后，应将试件调头放入养护筒中。盖好筒盖，放回（40±2）℃的养护室继续养护至下一测试龄期。在测量时应观察试件的变形、裂缝和渗出物等，特别应观察有无胶体物质，并作详细记录。试件的膨胀率应同上计算，精确至 0.001%。

2.2.4 外加剂基础知识

189. 试分析掺用外加剂的新拌混凝土出现坍落度损失快现象的原因及对策。(试分析 2~3 条)

原因：

(1) 减水剂对所使用的水泥适应性差；
(2) 混凝土搅拌温度或环境温度过高；
(3) 高效非引气型减水剂掺量过大；
(4) 外加剂配方不当。

对策：

(1) 采用后掺法，减水剂在混凝土搅拌 1~3 分钟后，或者在浇筑前再掺加（并重新搅拌）；

另行选用外加剂或加推荐掺量下限的适用缓凝剂、保塑剂；

(2) 降低水温或遮盖骨料，避免日光直射；
(3) 测试注意减水剂与水泥是否相适应。

190. 试分析掺用引气剂的新拌混凝土出现气泡外溢现象（引入混凝土中的气泡不断冒出并破裂；出机时泡多，入模时气泡外溢现象消失）的原因及对策。(试分析 2~3 条)

原因：

(1) 选用引气剂不当。十二烷基苯磺酸钠易发生此现象，萘系减水剂亦同；
(2) 水泥量偏低；
(3) 砂率选用不当；
(4) 气温偏高。

对策：

(1) 选用其他引气剂；
(2) 调整配合比并适当减少水量。

191. 试分析掺用外加剂的新拌混凝土出现过度缓凝现象（掺减水剂 24 小时后仍未凝固；成型面有泌浆多呈黄褐色；混凝土表面已凝，下面仍软，呈橡皮状）的原因及对策。(试分析 2~3 条)

原因：

(1) 普通或缓凝减水剂超掺；
(2) 气温低却未及时调整缓凝剂掺量；
(3) 水泥质量不合格或气温较低时掺用了矿渣水泥，掺加外加剂的混凝土搅拌时间不够。

对策：

(1) 分析超掺的原因，加以改正；

（2）通知厂家调整复配外加剂配方；
（3）调换水泥品种、批次；
（4）对缓凝部位加强保温养护，防止水分流失，后期可望恢复；
（5）三天未凝的旧混凝土要清除并重新浇筑。

192. 试分析掺用外加剂的新拌混凝土出现沉降、抓底现象（拌和物发黏，手工翻拌困难；拌和物抓铁板、地面和吊斗，铲起后接触面发干）的原因及对策。（试分析2～3条）

原因：
（1）高效减水剂过量；
（2）引气性严重不足；
（3）水泥用量过多。

对策：
（1）减少高效减水剂用量；
（2）用两种单一组分的掺合料高效复合掺用；
（3）掺加适量引气剂；
（4）掺加粉煤灰或矿粉，减少水泥用量。

193. 试分析掺用外加剂的新拌混凝土出现离析、泌水现象（坍落度试验时中心有骨料堆积，边缘有水析出；运输中表面只见水层，尤其用翻斗车、手推车时更加明显；成型后表面析出水层）的原因及对策。（试分析2～3条）

原因：
（1）坍落度大，配比砂率偏低；
（2）水泥用量少；
（3）未使用减水剂或品种不相容；
（4）掺缓凝剂尤其羧酸盐、磷酸盐或糖类过量；
（5）加水过多或二次加水。

对策：
（1）调整配合比，加大砂率和水泥用量；
（2）适当减少粉煤灰等掺合料用量；
（3）加大或调整减水剂用量，减少水量；
（4）将缓凝剂调整为缓凝减水剂；
（5）使用增稠剂。

194. 影响外加剂临界掺量的因素有哪些？

（1）外加剂的种类和品质

各种减水剂增大流动性效果不同，在一定范围内，流动性随着掺量的增加而增大，但达到一定掺量后其增大流动性的效果不再增加，即都有一个临界掺量。β—萘磺酸高缩合物钠盐系的临界掺量为1%左右；杂酚油磺酸缩合物钠盐系的临界掺量为1%左右；β—萘磺酸低缩合物钠盐系的临界掺量为1.2%左右；三聚氰胺甲醛树脂磺酸钠系的临界掺量为1.5%左右；葡萄糖酸钙、木质素磺酸钠系、聚氧乙烯酚醛乙醚的临界掺量均为0.5%左右。

(2) 减水剂的核体数与分子链长短

日本服部健一在对β-萘磺酸甲醛缩合物的基础研究中证实，减水剂的临界掺量随着核体数和分子键的增多而增大。

(3) 水泥浆的水灰比：试验研究表明，水泥浆的流动度随着萘系减水剂掺量的增加而增大，但其效果和临界掺量因水灰比的不同而不同。当水灰比较低时，临界掺量较大；水灰比较高时，临界掺量较小。

195. 预拌混凝土为什么要用减水剂？常见的减水剂有哪些种类？

减水剂的重要用途之一是在保持水胶比和用水量不变的情况下提高混凝土的流动性，从而可以满足预拌混凝土在各种工程中运输、泵送的要求。普通减水剂最常用的是木质素磺酸钠、木质素磺酸钙。高效减水剂按其对混凝土的塑化效果，由大到小的顺序为：聚羧酸高效减水剂＞氨基磺酸盐减水剂＞萘系减水剂＞脂肪族减水剂＞三聚氰胺减水剂。

减水剂指的是在维持混凝土坍落度不变的情况下，减少拌和用水量的混凝土外加剂。加入混凝土拌和物后对水泥颗粒具有分散的作用，不仅可以改善水泥的工作性、减少单位用水量、提高混凝土拌和物的流动性，还可以减少单位水泥用量，达到节约水泥的目的。水泥颗粒分子具有引力作用，水泥加水拌和后，可以使水泥浆形成絮凝结构，水泥颗粒之中能够包裹10%～30%的拌和水，导致拌和水自由流动困难，润滑作用不明显，这在一定程度上减弱了混凝土拌和物的流动性。由于减水剂分子具有可以定向吸附于水泥颗粒表面、且使水泥颗粒表面带有同性的电荷（多为负电荷），具有同性相斥的结构特点，所以在加入减水剂之后，水泥颗粒之间能相互排斥分散，从而破坏絮凝结构，被包裹的部分水分也被释放出来并参与流动，进而有效地促进了混凝土拌和物的流动性。

196. 试述萘系高效减水剂有何优缺点？

萘系高效减水剂呈棕色粉状或液体状。粉状材料，含固量95%左右（含水率约为5%）运输、储存比较方便，加60%左右水可溶解成液体。混凝土中掺入占胶凝材料质量0.5%～1%的粉剂，可减水15%～20%（质量分数）。这种减水剂的质量比较稳定。

萘系高效减水剂在生产中，酸碱中和过程会产生硫酸钠。普通型硫酸钠在20%以内，硫酸钠本身是早强剂，但因为含钠离子，所以对混凝土耐久性不利。萘系高效减水剂生产的原料有工业萘、硫酸和甲醛等，不仅污染环境而且这种减水剂对水泥适应性也不太好，因此随着科学技术的发展，萘系高效减水剂已逐渐被新的产品替代。

萘系高效减水剂即萘磺酸盐甲醛缩合物，是一种由化工合成的非引气型高效减水剂，对水泥粒子分散方面有着积极作用，而且具有非引气、高效减水和超塑化等功能。萘系减水剂具有良好的性能，在我国被广泛生产，且被应用到各领域。萘系减水剂最显著的特点是减水率较高（可以达到15%～25%），不引气，对凝结时间的作用小，可以与水泥进行良好的适应，且基本上能与所有的外加剂复合使用。萘系高效减水剂具有低碱性、低硫酸钠等特性，而且对水泥有很强的适应性，常常应用于高效减水要求的流态混凝土，此外，也可以用作复合混凝土外加剂的母体材料。掺入萘系高效减水剂的水泥浆体，都存在一定的临界掺量，超过这一掺量后即使继续进行掺加，水泥浆体的流动性和混凝土的初始坍落度也不再变化，这个临界参量被称之为饱和点，在外加剂和水泥适应性良好的状态下，达到饱和点后增加减水剂的掺量，可以保证长时间内的大坍落度。

在萘系高效减水剂的研究中，可以通过对工艺参数与流程的改善，提高其本身性能；可以利用化学方式对其进行改性，将高效减水基团引入到分子结构中，以此来达到减水保坍的效果；可以通过与缓凝剂、引气剂等组分进行复合，或是与其他减水剂进行复合的方式来提高萘系高效减水剂的效果。

197. 试述聚羧酸高效减水剂有什么特点？

聚羧酸盐高效减水剂是高性能、高强度、高体积稳定性、高流动性、高耐久性的混凝土用超塑化剂。其特点是减水率较其他高效减水剂都高、保塑性好，配制的混凝土工作性能好、耐久性和强度高、收缩小，且其生产过程无污染，是环保型外加剂。聚羧酸高效减水剂在生产过程中会产生一定气泡，含气量为 2%～8%，但气泡结构不同，使用时应筛选和消泡。聚羧酸高效减水剂对混凝土的用水量和砂石含泥（粉）量比较敏感。

198. 试述聚羧酸减水剂和萘系减水剂在添加方法上有什么不同？

聚羧酸减水剂和萘系减水剂的添加方法不同：萘系减水剂采用滞水法掺加（滞水60s）明显优于同掺法，合理掺量下分次掺加总体优于同掺法；而聚羧酸高效减水剂的同格滞水法也优于分次掺加法。因此在使用聚羧酸高效减水剂时要注意这一点。

此外，聚羧酸高效减水剂对于调整混凝土工作性的时间跨度范围影响较小，若错过了适宜时间，为再次获得良好的流动性，需再次掺加减水剂的比例明显高于萘系减水剂产品。

199. 什么是聚羧酸高效减水剂用调节剂？

混凝土调节剂是一种合成高分子，通过调节混凝土拌和物的各组分状态，解决水泥与外加剂不相容的问题（如欠硫、低碱等），使混凝土具有良好的初始状态，既有理想的初始流动性，又不会离析，具有黏结性、稳定性和可泵性，解决了聚羧酸混凝土因用水量或减水剂变化造成的生产较难控制等问题。

200. 什么是聚羧酸高效减水剂用阻泥剂？

阻泥剂是一种能改善混凝土因砂石含泥量高而导致坍落度损失大的新型外加剂。它是无色、透明液体，pH 值为 6～9。根据有关资料介绍，阻泥剂由泥土分散组分、泥土吸附组分和离子络合组分组成，有以下作用：①它可以吸附于泥土颗粒表面，降低泥土颗粒的吸水率，减少因砂石含泥量高而引起的混凝土坍落度损失，保证混凝土的工作性能。②对相同含泥量的混凝土，它与普通外加剂相比，可明显降低外加剂掺量，降低混凝土的生产成本。③它能降低砂石含泥量高对混凝土强度和耐久性的影响，对钢筋无腐蚀作用。

201. 水泥-聚羧酸高效减水剂的相容性与哪些因素有关？

水泥的矿物成分对水泥-聚羧酸高效减水剂相容性影响很大。具体如下：

(1) C_3A/C_4AF 和 C_3S/C_2S 比值上升，相容性下降。

(2) C_3A 每增加 1%，水泥标准稠度用水量增加 1%，混凝土用水量增加 6~7kg/m³。

(3) C_3A 大于 8.5%，即使提高外加剂用量，混凝土坍落度损失仍然会很大。

(4) MgO 含量高，相容性下降。

(5) 水泥中的碱含量对混凝土工作性能的影响很大，碱含量宜为 0.5%~0.8%，过大或过小相容性都会下降。

(6) 水泥中采用的粉煤灰掺合料含碳量越高，聚羧酸高效减水剂配制的混凝土经时损失明显上升。

(7) 水泥采用硬石膏作调凝剂时，聚羧酸高效减水剂配制的混凝土经时损失明显上升。

(8) 水泥比表面积越大，聚羧酸高效减水剂配制的混凝土经时损失明显上升，混凝土泌水。

(9) 新鲜水泥（12d 以内）带正电性强、对外加剂吸附性强，会导致外加剂减水率下降，坍落度损失加大。水泥温度高达 50℃ 以上时使用外加剂，聚羧酸高效减水剂配制的混凝土会产生速凝。

202. 聚羧酸外加剂为什么会变臭？如何适当延长聚羧酸外加剂的保质期？

聚羧酸高效减水剂母液本身的保质期为 6~12 个月，但通过复配后的泵送剂，由于加入了一些辅助材料（糖类或醇类），保质期会变短，一般在两个星期以后会出现发臭现象。加少许的防腐剂（如甲醛、丙酮）可以适当延长保质期，对已变臭的聚羧酸泵送剂，加入亚硝酸钠可使变黑的聚羧酸颜色变浅。

203. 试述掺用聚羧酸外加剂的混凝土异常离析的原因有哪些？

聚羧酸高效减水剂对外加剂用量、用水量、砂石含泥量等因素十分敏感，掺用它配制的混凝土坍落度不稳定的原因可能有以下几个：

(1) 砂石含泥量、含水率、粒径频繁变化且混堆，搅拌站即使按正常配合比下料，也会造成混凝土忽干忽稀，甚至离析。

(2) 外加剂储罐大多是金属的，而聚羧酸高效减水剂呈酸性，与铁制品长期接触会发生缓慢反应，这不仅会影响聚羧酸减水剂的性能，而且会腐蚀储罐。一般外加剂储罐离地下的储水池较近，若聚羧酸减水剂流入储水池，则会造成外加剂掺量"暗超"，导致混凝土坍落度波动或离析。

(3) 外加剂秤斗蝶阀失灵，造成外加剂超量，混凝土严重离析。

204. 试述缓凝剂对混凝土的硬化有什么影响？

(1) 对强度的影响。混凝土掺入缓凝剂后，由于缓凝剂对水泥颗粒的水化反应起了推迟作用，使早期水化程度降低，从而使混凝土的早期强度比未掺的要低。一般在 1~2d 内，抗压强度降低，7d 开始上升，到 28d 时水化程度普遍有所提高，90d 仍保留提高趋势。抗折强度的发展与抗压度有相似的趋势。此外，随掺量的增大，早期强度降低得更多，强度提高所需的时间更长。在水泥水化期间，由于缓凝剂的存在，扩散及沉降速度降低，这使得水化物生成得更慢，其结果使得在水泥颗粒的空隙间生成的水化物分布更为均匀，从而使结合的面积加大，改善了硬化体的强度。总之，掺入缓凝剂后早期强度有所降低，但对后期强度，只要不是过量就没有不利影响，一般反而有提高的趋势。

（2）对收缩的影响。对硬化水泥浆，一般来说掺与不掺缓凝剂的干缩基本相同。但在混凝土中，掺入缓凝剂后一般会使收缩略大些，且随掺量的增加收缩增大。因此相关质量标准中也允许收缩略有增加。

205. 混凝土外加剂与水泥产生不相容性的表现大致有哪几种情况？

混凝土外加剂与水泥产生不相容性的表现大致有以下几种情况：一是减水剂用量已经相当大，但新拌混凝土坍落度偏小，扩展度更小；二是预拌混凝土在搅拌过程中出现不正常的凝结，影响混凝土的均匀性；三是坍落度和扩展度虽然都不小，但混凝土泌水，有时滞后 1~3h 泌水且更加严重；四是砂浆包裹不住石子，混凝土泌水、离析、分层现象比较严重，致使混凝土质量明显降低；五是新拌混凝土中未观察到明显不适应，施工时，混凝土硬化以后强度出现明显下降，达不到质量要求，造成经济损失。

普通混凝土外加剂与水泥发生不相容性的原因是：在混凝土配比不变、外加剂一定的条件下，主要是水泥特性引起的不相容性。水泥作为混凝土中重要胶凝材料，在水泥配比其他材料相同的情况下，水泥中的缓凝剂对混凝土外加剂的相容性影响是最大的。

206. 缓凝剂掺多了会有什么后果？

缓凝剂的掺量对不同类型的水泥有不同的上限值，过量掺用可能会导致混凝土过长时间缓凝，甚至导致后期强度下降。一般情况下，缓凝时间不大于 48h，混凝土后期强度不会受影响，仅对施工进度稍有影响；如混凝土缓凝 4d 以上，后期强度会有较大损失，应该拆除。

207. 混凝土中为何要加入引气剂？

引气剂是一种能使混凝土在搅拌过程中引入大量均匀分布、稳定而封闭微小气泡的外加剂。混凝土中加入引气剂后，这些微小气泡犹如无数滚珠，提高了混凝土的流动性（混凝土含气量每增加 1%，坍落度增加 10mm），并使混凝土保塑性、保水性、可泵性大幅提高，泌水减少，封闭的气泡切断了混凝土中连通的毛细管渗水通道，因此还能提高混凝土抗渗性、抗冻性及其他耐久性，降低混凝土碳化速度。泵送剂中掺入引气剂可以满足冬期施工防冻害的要求。此外，混凝土引气 2%~4%，还可增大混凝土体积，减少混凝土供货量损失。

208. 混凝土中的气泡对其性能有什么影响？

混凝土是典型的多相、多孔材料，孔结构是其微观结构的重要组成部分之一，影响混凝土的和易性、强度和抗冻性等诸多性能，如高层建筑施工时，泵送混凝土中的适量细小气泡能改善其和易性，提高泵送性能，寒区工程混凝土中引入微细封闭的气泡能缓冲结冰冻胀应力、减轻孔结构损伤，有效提高混凝土的抗冻耐久性，但过多的气泡会降低混凝土的强度。引气混凝土通过掺加引气剂来分散气泡并保持气泡稳定，这是一个复杂的物理化学过程。根据气泡的体积变化，气泡全生命期包括产生、生长、稳定和失稳破裂等四个阶段。气泡行为的机理研究可以在气-液界面、气泡膜、气泡、泡沫等不同角度上深入展开。

209. 试述混凝土内的气泡是如何形成的？

气泡在混凝土搅拌、运输、振捣和养护全过程中处于动态变化，在混凝土硬化后，还未失稳破裂的气泡成为混凝土孔结构的一部分。混凝土中气泡的产生主要与搅拌过程有关，搅拌不仅可使混凝土产生漩涡以卷入空气，还会使较大的气泡被骨料等固体切割成较小的气泡，也有一小部分气泡来源于溶解于水中的空气。

210. 引气剂的作用机理是什么？

搅拌混凝土时，加入引气剂的作用是分散和稳定气泡，且可以促进气泡产生。引气剂的引气能力主要取决于其降低气-液界面表面张力的效果和扩散性能。引气剂通常是长链有机分子，一端亲水，另一端疏水，亲水端含有一个或多个极性基团。在气-液界面，极性基团面向液相并降低液相表面张力，促进气泡的形成，减缓气泡聚并；在固-液界面，极性基团与固相结合，非极性基团与液相结合，使固相表面疏水，空气以气泡的形式附着在固体颗粒上。引气剂的性质和浓度决定了气-液界面的物化性质，如表面张力和表面粘弹性。流体中气泡的产生常用两种成核机理解释。①经典成核理论。该理论描述了均相成核和异相成核两种情况。当液体为单一的均相体系时，若温度或压力发生变化，由于热力学不稳定，体系发生气泡的均相成核。当液体中含有固体相时，气泡就会在这些固体表面发生异相成核。由于流体不稳定状态产生的能量克服了吉布斯自由能屏障，使得气体从流体中释放出来，形成新的表面，从而形成气泡核。该理论适用范围局限在静止流体。②剪切流场成核理论。有学者研究了流体运动时气泡的成核机理，认为流场中的切应力有效地促进了气泡成核，整个系统的动能显著地降低了气泡成核的自由能垒，该理论的研究对象多为牛顿流体或者均匀的非牛顿流体。搅拌过程中的混凝土或砂浆受到剪切力作用，属剪切流场范围。

211. 简述气泡的主要技术参数包括哪些内容。

气泡参数主要包括气泡平均孔径、气泡比表面积、单位体积气泡个数和气泡间距系数。气泡的参数不同，其抗冻性也有很大差别。上述几个参数中最主要的是气泡间距系数和气泡平均孔径。此值越小，混凝土抗冻性越高。一般气泡间距系数不大于 $300\mu m$ 时，混凝土抗冻等级可达 F300。气泡孔径大于 100nm 的是有害孔，气泡孔径小于 50nm 的是无害孔。

212. 使用引气剂有哪些注意事项？

（1）要控制引气量。一般以 2%~4%（体积分数）为宜，超过临界掺量时，会造成混凝土强度下降。

（2）合理选择引气剂。选择起泡力高、气泡直径和间距小的优质引气剂。木钙不宜作引气剂，其掺量稍大就会造成混凝土强度大幅度下降。使用前要通过试验确定采用哪个品种的引气剂及掺量。

（3）混凝土引气量会受到下列因素影响：水泥细度大、含碱量高，引气量会减小；粉煤灰含碳量高，达到同样引气效果需要的引气剂要增加；骨料直径越大，引气量越小；天然砂引气量大于机制砂；细骨料粒径为 0.15～0.6mm 的颗粒越多、砂率越高，引气量越大。

（4）混凝土温度越高，含气量损失越大。温度每升高 10℃，混凝土含气量减少 20%～30%。

（5）混凝土拌和用水量增大，引气量增加；水的硬度增大，混凝土含气量会减少。

（6）混凝土搅拌时间过长，放置时间和运输时间过长，振捣时间过长，都会使混凝土含气量减少。

213. 什么是早强剂？常用混凝土早强剂有哪些类型？作用是什么？

能提高混凝土早期强度而对其后期强度无显著影响的外加剂，称为早强剂。早强剂可分为氯盐早强剂（氯化钙、氯化钠、氯化钾、氯化铁等）、硫酸盐早强剂（硫酸钠、硫酸钾、硫酸钙）、无机化合物早强剂（金属氢氧化物、盐酸、硅酸盐等）、有机化合物早强剂（如三醇胺、三乙丙醇胺）、复合型早强剂。

混凝土在施工过程中，从水化引起的凝结硬化到预期的强度需要一段较长的时间，掺加早强剂可以显著提高混凝土早期强度，从而缩短养护时间。早强剂又叫促强剂，它能够调节混凝土的凝结、硬化速度。在冬期施工时或有早强要求的混凝土工程中一般需要添加早强剂，以缩短脱模和养护时间、加快施工进度，从而有效提高施工质量，节约混凝土施工成本。

214. 什么是混凝土防冻剂？作用是什么？

能使混凝土在负温下硬化，并在规定养护条件下达到预期性能的外加剂称为混凝防冻剂。防冻剂有两种，一种是能降低水的冰点而使混凝土在负温下保持一定液相，仍能进行水化作用的外加剂，如亚硝酸盐、氯盐等；另一种是加入混凝土中不仅可以降低水的冰点，而且对冰晶体的形成有干扰作用的外加剂，如醇类。氯盐对钢筋有腐蚀作用，目前已限制使用。亚硝酸盐会引起混凝土碱骨料反应，且为致癌物，近几年也日益减少使用。在建筑工程实际施工过程中，通常都需要在混凝土达到一定强度的基础上，才能够继续开展下一道工序。在混凝土终凝初期，应当注意防止由于荷载而导致楼板有较大振动产生。而混凝土防冻剂中早强成分的作用主要就是促使混凝土加快凝结硬化，促使混凝土强度能够尽早达到抗冻临界标准，在此基础上也能够使混凝土硬化速度加快，有效避免混凝土由于低温及负温而导致强度增长较缓慢的情况发生。目前预拌混凝土公司较多使用的是便于计量的类复合型液体防冻剂。对于与标准相符的任何一种防冻剂而言，均具有明确使用温度，使用温度往往被理解为混凝土施工的允许温度，然而更需要注意联系混凝土的抗冻临界强度进行理解，也就是说周围环境温度在降低到需要使用外加剂之前，混凝土强度应当能够达到抗冻临界标准，在此基础上才能够使混凝土的安全性得到保证，以避免混凝土被冻坏。在混凝土防冻剂的实际应用过程中，其使用温度越低，则表示防冻剂的防冻效果越理想，也就表示混凝土具备更充足的时间进行强度增加，促使其更容易达到抗冻临界强度。就目前我国抗冻剂的实际使用情况而言，其使用温度通常为零下 10～15℃，在温度进一步降低的情况下，在对防冻剂配方进行设计方面，其难度也相应增加，并且不确定因素也会增加。就这一方面而言，对于防冻剂使用温度，大部分情况下并非一定要低于施工环境温度，应在温度降低至使用温度之前，使混凝土达到抗冻临界强度。

215. 怎样配制复合型泵送防冻剂？

复合型泵送防冻剂由防冻、早强、引气、减水组分组成。

（1）防冻组分。主要采用醇类（如甲、乙二醇、乙醇胺等），既能降低水的冰点又能使含该物质的冰晶格构造严重变形，因而无法形成冻胀应力去破坏水化产物结构，使混凝土强度不受损，因此属冰晶干扰型防冻剂。此类掺量一般为胶凝材料质量的0.08%～0.1%。防冻剂用量不足时，混凝土在负温下强度停止增长，但转入正温后对后期强度无影响。

（2）早强组分。为使混凝土尽快达到抗冻临界强度，需加入能提高混凝土早期强度的外加剂，目前采用较多的是0.05%三乙醇胺＋0.5%氯化钠早强剂。

（3）引气组分。优质引气剂可在混凝土中引入无数微小而富有弹性的气泡，改善混凝土孔结构，降低毛细孔中水的冰点。同时当混凝土中的水结冰时，毛细管中的水分可迁移到气泡中去，从而减少了毛细管中水分的冻胀力，降低水结冰体积膨胀对混凝土的破坏力。引气剂质量越好，引入混凝土中的气泡越小，气泡稳定性越好，气泡间距越小，混凝土抗冻性越好。引气剂掺量很小，可根据产品说明书掺加。

（4）减水组分。水是混凝土产生冻害的根源，冬期施工要高度重视，尽量降低混凝土的水胶比，且减水剂用量要较常温下有所增加。

216. 什么是混凝土膨胀剂？

混凝土膨胀剂是与水泥、水拌和后，经水化反应生成钙矾石或氢氧化钙，使混凝土产生膨胀的混凝土外加剂。膨胀剂可以起到防止渗水的现象，适合在环境比较潮湿的情况下使用。混凝土膨胀剂还可以和别的材料搭配使用，从而达到补偿收缩的效果。在混凝土的硬化和使用过程中会产生体积收缩，过大的收缩将可能导致结构开裂，影响其性能。在混凝土配制时添加一定量的膨胀剂，可以使混凝土在硬化过程中产生一定量的体积膨胀，抵消收缩，从而防止结构开裂。依照化学组成，膨胀剂可以分为氧化钙型膨胀剂、硫铝酸钙型膨胀剂及硫铝酸钙-氧化钙类膨胀剂。其中，氧化钙型膨胀剂膨胀速度过快，膨胀作用不能有效发挥。因此，目前应用比较广泛的膨胀剂为硫铝酸钙型膨胀剂。改变水化条件，会影响膨胀剂水化产物的种类、微观形貌和特性，进而影响膨胀剂的膨胀性能。

217. 膨胀剂在应用中应注意哪些问题？

（1）厚度超过1m的基础底板需要慎用膨胀剂；没有降温措施，厚度在2m以上的混凝土结构不能使用膨胀剂。根据施工经验，厚度超过1m的基础底板，当外界温度为20℃时，混凝土内部温度超过50℃的情况很普遍，而膨胀剂在30～40℃水化时膨胀力最大，超过50℃，膨胀力开始下降，60℃以上膨胀力就很低了，高于80℃时钙矾石会发生分解。因此对于厚的混凝土基础底板，膨胀剂要慎用。同时要注意含硫铝酸钙、硫铝酸钙-氧化钙类膨胀剂不得用于长期环境温度高于80℃的工程。

（2）要保持混凝土强度的增加与膨胀速率协调发展。高强度混凝土的早期强度高，会抑制混凝土膨胀作用的发挥，而早期强度较低则会导致更多的膨胀变为无效膨胀，消耗在塑性状态的混凝土中，使测得的有效膨胀率减小。因此，只有在混凝土强度增加和膨胀作用的发挥相协调时，混凝土膨胀剂才能充分膨胀密实、补偿收缩。适当选用缓凝剂及其掺量、矿物掺合料的品种及数量就显得十分重要。否则，即使使用了膨胀剂，结构也难免会开裂。

（3）混凝土浇筑后必须保证有良好的湿养护。膨胀剂的持续水化离不开水的供给，所有的膨胀剂只适用于潮湿环境下有一定配筋率的混凝土，不适用于干燥环境的素混凝土和砂浆。即使添加了膨胀剂，混凝土也难免会开裂，因此，必须要确保混凝土有效养护 14d，墙体宜 5~7d 拆模。

（4）加强对膨胀剂的质量检查，通过试验确定膨胀剂掺量，加强生产过程检查。目前膨胀剂市场比较混乱，产品质量参差不齐，一些搅拌站盲目选用厂家、无根据确定掺量。因此，使用前要按照设计要求的限制膨胀率及混凝土 14d 的水中限制膨胀率来确定膨胀剂掺量。一般来说，在满足强度和抗渗性能的前提下，混凝土限制膨胀率应大于 0.015%，填充用膨胀混凝土膨胀率应大于 0.025%。

（5）搅拌站在生产过程中要加强膨胀剂掺量的检查，宜采用专用储罐、电子秤计量。施工现场监理和施工单位应共同抽样检查，由施工单位指定的法定检测单位检测混凝土限制膨胀率。

218. 什么是混凝土抗裂防水剂？

抗裂防水剂不同于防水剂，它同时具有抗裂和防水功能。加入抗裂防水剂的混凝土，不仅防水，而且在水中养护的条件下，具有 0.025% 以上的限制膨胀率，能消除混凝土在养护过程中因收缩产生的拉应力。

219. 钢筋阻锈剂，又称缓蚀剂，被认为是钢筋混凝土防腐最为经济有效的措施。按化学成分可分哪三类？

按化学成分可分为无机型、有机型和混合型三类。

220. 外加剂质量主要控制项目应包括掺外加剂混凝土的性能和外加剂的匀质性两个方面，其具体内容是什么？

掺外加剂混凝土性能方面的主要控制项目有减水率、凝结时间差和抗压强度比，外加剂匀质性方面的主要控制项目有 pH 值、氯离子含量和碱含量。

221. 请列举两条以上外加剂应用方面的注意事项。

（1）在混凝土中掺用外加剂时，外加剂应与水泥具有良好的适应性，其种类和掺量应经试验确定，混凝土性能应满足设计要求；

（2）高强混凝土宜采用高性能减水剂，有抗冻要求的混凝土宜采用引气剂或引气减水剂，大体积混凝土宜采用缓凝剂或缓凝减水剂，混凝土冬期施工可采用防冻剂；

（3）不得在钢筋混凝土和预应力钢筋混凝土中采用含有氯盐配制的外加剂，不得在预应力钢筋混凝土中采用含有亚硝酸盐或碳酸盐的防冻剂；

（4）外加剂中的氯离子含量和碱含量应满足混凝土设计要求。

222. 什么是混凝土防水剂？

能降低混凝土在静水压力下透水性的外加剂称为防水剂。预拌混凝土用防水剂是在搅拌混凝土过程中添加的，它在混凝土结构中均匀分布，充填或堵塞裂缝及毛细孔，使混凝土更加密实从而达到阻止水分透过之目的。防水混凝土主要用于工业与民用建筑地下工程、储水构筑物及水工建筑物。混凝土防水剂是指掺入混凝土中，能减少混凝土内部孔隙和堵塞毛细通道，从而降低混凝土在静水压力作用下透水性的外加剂。防水剂主要是以防水剂中起作用的组分进行分类：引气型、减水型、三乙醇胺密实型、氯化铁类、有机硅增水型、微膨胀型、聚合物乳液型、渗透结晶型、复合型防水剂等。防水混凝土是以使用新型水泥、掺外加剂或调整混凝土配合比等方法提高自身密实性、憎水性和抗渗性，使其满足抗渗等级≥P6（抗渗压力＞0.6MPa）的不透水混凝土。引气剂具有憎水作用，可降低混凝土拌和水的表面张力，搅拌后在混凝土中产生大量微小、均匀的气泡，从而改变混凝土的内部结构。由于气泡的存在，阻隔混凝土拌和物中自由水的蒸发路线，变得曲折、细小、分散，从而改变毛细管的数量和特征，减少混凝土的渗水通道；同时，由于气泡的阻隔作用，减少混凝土骨料间的不均匀相对沉降及骨料周围黏结不良所形成的沉降孔，从而提高了混凝土的抗渗性。掺加膨胀型防水剂的混凝土，在凝结硬化过程中产生膨胀、补偿收缩作用，补偿因干燥失水、温度梯度引起的体积收缩，防止或减少收缩裂缝产生，同时，水泥浆体的膨胀产物还能隔断毛细孔的渗水通道，从而提高混凝土的抗渗性。混凝土中掺入减水剂，由于减水剂分子对水泥颗粒的吸附—分散、润滑和润湿作用，可减少超过水泥水化所需的自由水，从而减小蒸发后留下的毛细孔体积，进一步提高混凝土的密实性和抗渗性。

223. 什么是混凝土流化剂？

混凝土自搅拌到浇筑需要经历运输、泵送过程，这个过程一般要0.5～1h，因此混凝土坍落度会产生一定的损失，当坍落度减小到一定值后，难以泵送，此时需要在混凝土中添加纯高效减水剂（超塑化剂）以恢复混凝土的流动性，这种外加剂称为流化剂。流化剂具有以下特点：①减水率高达20%～30%；②流化剂几乎不引入空气，因而不会降低混凝土的强度；③无缓凝性，即流化剂不同于泵送剂，即使掺量较高也不会使混凝土缓凝。

224. 什么是混凝土阻锈剂？

能抑制或减轻混凝土中钢筋或其他预埋金属锈蚀的外加剂称为阻锈剂。混凝土材料通常由水和水泥水化产生氢氧化钙，表现出很强的碱性（pH值为12.5～13），使混凝土中的钢筋表面覆盖着一层薄而稳定的钝化膜，保护钢筋不受腐蚀。阻锈剂用于海工工程采用海砂的钢筋混凝土工程、采用除冰盐的钢筋混凝土工程、盐碱土地区的钢筋混凝土等工程。关于阻锈剂对钢筋的作用机理一般认为是阻锈剂促使钢筋表面形成了一系列物理或化学的保护膜，从而阻止有害离子的侵害。根据其在钢筋表面的成膜类型，可将阻锈剂分为氧化膜型、沉淀膜型和吸附膜型。氧化膜型阻锈剂是使金属表面发生了特征吸附，阻滞了金属的离子化过程，或者是使金属表面氧化，生成极薄而致密的保护性氧化膜。沉淀膜型阻锈剂是通过电化学反应在金属表面生成沉淀膜，阻隔金属和腐蚀介质。吸附膜型阻锈剂一般是通过其非极性基团在金属表面形成一层疏水性保护膜，阻碍与腐蚀反应有关的电荷或物质的转移。

225. 请列举 3 条以上高效减水剂的优点。

减水率较高，有效减少混凝土用水，可以配制高强混凝土；可以配制大流动性混凝土；降低混凝土水化热；与水泥相容性较好；外加剂掺量对混凝土敏感性较聚羧酸外加剂要低。聚羧酸减水剂作为一种重要的混凝土外加剂，具有高减水率和低掺量的特点。在混凝土拌和中加入聚羧酸减水剂后，水泥颗粒间因减水剂分子结构的静电斥力、空间位阻等作用机理不仅可获得良好的分散性，同时还可以增加混凝土的坍落度，提高混凝土的强度，改善其和易性。通常可通过分子设计制备出特殊功能的聚羧酸减水剂，如减缩型、抗泥或保坍缓释型减水剂。聚羧酸减水剂的分子结构如主链长度、长侧链密度、电荷密度以及分子量分布等因素决定了其对水泥颗粒的分散性和分散保持性的效果，而这些因素与合成工艺的优化是密不可分的。

226. 常用的阻锈剂品种主要有哪些？各有哪些特性？

作为钢筋阻锈剂，使用最多也最有效的是亚硝酸盐。它以提高钝化膜抗氯离子的渗透性来抑制钢筋锈蚀的阳极过程，所以是阳极型阻锈剂。

亚硝酸钙为无色至淡黄色晶体粉末，易潮解，溶于水，饱和溶液质量百分浓度为 42%，属强氧化剂，大量经口摄入人体会使人体中毒。亚硝酸钙可使钢筋开始锈蚀的混凝土氯盐含量从 $0.5 \sim 1.2 kg/m^3$ 提高到 $3.4 \sim 9.1 kg/m^3$；混凝土水胶比越低、保护层越厚，此临界值提得越高。硝酸钙的掺量为 2% 时，可延长混凝土结构寿命 15～20 年。

亚硝酸钠（$NaNO_2$），是常使用的阻锈剂，它是白色或略有淡黄色的晶体粉末，水溶性好，有很强的吸湿性，因此易结块成团。亚硝酸钠有毒，误服 3g 可致眩晕、呕吐和意识丧失，浓度大于 1.5% 的溶液即可令皮肤发炎。亚硝酸钠还是强氧化剂，储存时要防受热、防火种。亚硝酸钠也可用作抗冻剂。作阻锈剂用时掺量一般在 2% 左右。本身溶液呈碱性（pH 值为 9），故可直接掺入混凝土中。

2.2.5 矿物掺合料基础知识

227. 试述矿渣粉的交货与验收要求。

交货时矿渣粉的质量验收可抽取实物试样以其检验结果为依据，也可以生产厂同编号矿渣粉的检验报告为依据。采取何种方法验收由买卖双方商定，并在合同或协议中注明。卖方有告知买方验收方法的责任。当无书面合同或协议，或未在合同、协议中注明验收方法的，卖方应在发货票上注明"以本厂同编号矿渣粉的检验报告为验收依据"字样。

以抽取实物试样的检验结果为验收依据时，买卖双方应在发货前或交货地共同取样和签封。取样方法按《水泥取样方法》（GB/T 12573—2008）进行，取样数量为 10kg，缩分为两等份。一份由卖方保存 40d，一份由买方按本标准规定的项目和方法进行检验。

在 40d 以内，买方检验认为产品质量不符合本标准要求，而卖方又有异议时，则双方应将卖方保存的另一份试样送双方共同认可的具有资质的检测机构进行仲裁检验。

以生产厂同批号矿渣粉的检验报告为验收依据时，在发货前或交货时买方（或委托卖方）在同批号矿渣粉中抽取试样，双方共同签封后保存两个月。在两个月内，买方对矿渣粉质量有疑问时，则买卖双方应将共同认可的样品送双方共同认可的具有资质的检测机构进行仲裁检验。

228. 试述矿渣粉的包装和储运要求。

矿渣粉可以袋装或散装。袋装每袋净含量50kg，且不得少于标志质量的99%，随机抽取20袋，其总质量不得少于1000kg（含包装袋），其他包装形式由供需双方协商确定。

矿渣粉包装袋应符合《水泥包装袋》（GB/T 9774—2020）的规定，且包装袋上应清楚标明：生产厂名称、产品名称、级别、包装日期和批号。掺石膏的矿渣粉还应标有"掺石膏"的字样。散装时应提交与袋装标志相同内容的卡片。

矿渣粉在运输与储存时不得受潮和混入杂物。

229. 试述矿渣粉的出厂检验判定规则。

检验结果符合《用于水泥、砂浆和混凝土中的粒化高炉矿渣粉》（GB/T 18046—2017）中密度、比表面积、活性指数、流动度比、初凝时间比、含水量、三氧化硫含量、烧失量、不溶物技术要求的为合格品。检验结果不符合GB/T 18046—2017中密度、比表面积、活性指数、流动度比、初凝时间比、含水量、三氧化硫含量、烧失量、不溶物中任何一项技术要求的为不合格品。

230. 试述矿渣粉的型式检验判定规则。

（1）型式检验结果符合GB/T 18046—2017中技术要求的为合格品。

（2）型式检验结果不符合GB/T 18046—2017中任何一项技术要求的为不合格品。

231. 粉煤灰的烧失量是指什么？

粉煤灰的烧失量是指试样在温度为105～110℃的烘箱中烘干至恒重后，在（950±25）℃的高温炉灼烧，灼烧所失去的质量。在混凝土施工的过程中，掺用粉煤灰的质量优劣将直接影响混凝土的质量，烧失量作为粉煤灰检验质量的重要指标之一，对高性能混凝土有着重要的影响：①在锅炉中粉煤灰燃烧不充分，还存在部分未燃碳，增大了烧失量，含碳量增加，影响混凝土的需水量，从而影响混凝土的水胶比；②粉煤灰烧失量过高会严重影响对混凝土中含气量的控制。

232. 矿渣粉的活性指数与流动度比的测定对样品材料的要求是什么？

按《用于水泥、砂浆和混凝土中的粒化高炉矿渣粉》（GB/T 18046—2017）中的附录A进行、检验用水泥采用符合《混凝土外加剂》（GB 8076—2008）标准的混凝土外加剂性能检验用基准水泥，试验样品为矿渣粉和基准水泥按质量比1∶1混合制成。

a. 对比水泥：符合《通用硅酸盐水泥》（GB 175—2007）规定的强度等级为42.5的硅酸盐水泥或普通硅酸盐水泥，且3d抗压强度为25～35MPa，7d抗压强度为35～45MPa，28d抗压强度为50～60MPa，比表面积为350～400m^2/kg，SO_2含量（质量分数）2.3%～2.8%，碱含量（质量分数）0.5%～0.9%；

b. 试验样品：由对比水泥和矿渣粉按质量比1∶1组成；

c. 标准砂：符合《水泥胶砂强度检验方法（ISO法）》（GB/T 17671—2021）规定的标准砂；

d. 水：洁净的饮用水。

233. 石灰石粉的分级代号怎么表示？

用于水泥、砂浆和混凝土的石灰石粉用"L"表示。

石灰石粉按 MB 值和 $45\mu m$ 方孔筛筛余分别分级：按 MB 值分为三个等级：Ⅰ级、Ⅱ级、Ⅲ级；按 $45\mu m$ 方孔筛筛余分为 A 型和 B 型。

示例：石灰石粉的 MB 值为 0.8，$45\mu m$ 方孔筛的筛余为 12%，则石灰石粉的分级代号为 LⅡA。

234. 试述粉煤灰的包装和储运要求。

（1）粉煤灰可以散装或袋装。袋装每袋净含量为 25kg 或 40kg，每袋净含量不得少于标志质量的 99%。其他包装规格由买卖双方协商确定。

（2）散装粉煤灰应提供卡片，包括产品名称、分类、等级、净含量、批号、执行标准号、生产厂名称和地址生产日期。袋装粉煤灰的包装袋上应标明与散装粉煤灰卡片相同的内容。

（3）粉煤灰在运输与储存时不得受潮和混入杂物，同时应防止污染环境。

2.2.6 混凝土基础知识

235. 为了防止混凝土早期开裂，应在养护中注意哪些事项？

尽可能地降低单方用水量，防止离析，浇筑振实后立即用湿布或湿草帘加以覆盖养护，避免太阳光照射和风吹，防止混凝土的水分快速蒸发。

236. 高性能混凝土的主要特点是具有高耐久性，其高耐久性的原因是什么？

由于高性能混凝土掺加了高效减水剂，水胶比低，水泥全部水化后，混凝土没有多余的毛细水，孔隙细化，孔径很小，总孔隙率低；再者高性能混凝土中掺加矿物掺合料后，混凝土中骨料与水泥石之间的界面过渡区孔隙得到明显的降低，而且矿物质超细粉的掺加还能改善水泥石的孔结构，矿物质超细粉的掺加也使得混凝土的早期抗裂性能得到了较大提升。

237. 发泡剂常用于轻质混凝土的制作，请列举常用发泡剂的种类。

常用发泡剂的种类有：松香树脂类发泡剂、合成类发泡剂、蛋白活性物型发泡剂、复合型发泡剂。

238. 水泥熟料矿物相主要包括哪些种类？

水泥熟料矿物相主要包括硅酸三钙（C_3S）、硅酸二钙（C_2S）、铝酸三钙（C_3A）与铁铝酸四钙（C_4AF）。其中 C_3S 为主要矿物相，占水泥总质量的 50%~80%。

239. 水泥水化可概括为四个阶段，请简述。

溶解—水化—凝聚—硬化。

240. 如何定义水泥的初凝时间?

水泥的初凝时间是指从水泥加水拌和起至水泥浆开始失去塑性所需的时间。

241. 请写出混凝土抗压强度标准立方体试件的尺寸及抗压强度评定标准。

混凝土抗压强度标准立方体试件尺寸为:150mm×150mm×150mm。

普通混凝土配合比设计与质量控制是混凝土结构工程中重要的关键技术,普通混凝土的质量波动,尤其是普通混凝土抗压强度的波动,会直接影响普通混凝土结构的安全。因此,在普通混凝土生产质量管理中,以普通混凝土抗压强度作为评定和控制混凝土质量的主要指标。普通混凝土的抗压强度是普通混凝土配合比设计的主要依据,而普通混凝土抗压强度的评定,一方面,是在检验普通混凝土配合比的抗压强度是否达到设计要求,另一方面,也是在检验混凝土施工的质量。在正常施工条件下,普通混凝土配合比设计的抗压强度与普通混凝土抗压强度的评定存在内在的有机联系。普通混凝土抗压强度设计实质上是把概率值转化为受检测定的实测值,普通混凝土制备的抗压强度是按照混凝土强度等级来设计的,正常条件下服从正态分布。普通混凝土抗压强度的评定是从受检试样中取样进行实验测试,通过分析试样实测值来评价混凝土抗压强度是否达到设计要求,受实际工程条件的限制,不能直接根据普通混凝土配合比设计的抗压强度的反向分析来确定。

242. 混凝土标准养护的条件是什么?

混凝土标准养护的条件为:恒定温度为(20±2)℃,相对湿度在95%以上。

243. 请阐述混凝土出现泌水现象的原因及对策。

混凝土在浇筑完成后,随着固体颗粒下沉,水分上升,在表面析出水分,这就是通常所说的泌水现象。混凝土作为建筑工程建设中的主要材料,在实际应用的过程中,出现了不同的种类,如当前使用的轻质混凝土、高性能混凝土和加气混凝土等,极大提升了建筑工程的建设质量和建设水平。但是在使用的过程中,施工人员发现混凝土会经常性地出现泌水现象,这一问题如果不能及时得到有效解决,将会严重影响混凝土结构的耐久性及混凝土的建设质量,甚至会影响混凝土外观的完整性建设。以上问题的出现,主要体现在新拌制的混凝土中,造成新拌混凝土出现泌水的原因,一方面,是原材料的使用不当;另一方面,是在混凝土的拌制过程中,施工人员对于原材料拌制比例的确定、掺合料的添加以及其他辅助材料的使用不当。因此,需通过对混凝土拌制施工工艺的改进,调整混凝土的配制比、合理选择水泥的规格标准等,提高新拌混凝土的水平和标准,以保证施工质量。

2.3 三级/高级工

2.3.1 水泥基础知识与检验

244. 水泥的凝结硬化速度与哪些因素有关?如何影响?

(1) 矿物组成:水泥的矿物组成中,C_3A、C_3S 含量大时,凝结硬化快。

(2)细度：水泥颗粒越细，总表面积越大，与水接触面积越大，则水化速度越快，凝结硬化越快。

(3)加水量：加水量太多，使水泥浆变稀，水泥颗粒间距加大，凝结硬化速度减慢并留有自由水的孔隙。加水较少时，则凝结硬化速度较快。但加水量过少，水泥不能充分水化，则会影响水泥强度。

(4)龄期：水泥石强度的增加是随龄期而发展的，一般在28天内较快，以后渐慢，三个月后更为缓慢。

(5)湿度、温度：水泥的水化反应及凝结硬化过程，必须在水分充足的条件下进行，环境潮湿，水分不易蒸发，就能够保持足够的化学用水。如果环境干燥，水泥拌和物中的水分蒸发过快，水分不足，水泥的水化硬化速度就会减慢，甚至停止。温度对水泥水化也有很大影响，当温度低于5℃时，水泥硬化速度大大减慢；当温度低于0℃时，水化反应基本停止，残留水分还会结冰，致使水泥石冻裂，破坏其结构。

(6)石膏的掺量：水泥的凝结速度主要由水泥浆体中胶体粒子的凝聚作用决定。水泥加水后的胶体溶液有一定的导电性，硅酸盐胶体带负电荷。高价带电离子对胶体的聚集作用有较大影响。铝酸三钙在水中溶解度较大，且可电离成三价离子Al^{3+}，能促进凝胶体速凝，使水泥发生假凝现象。加入适量石膏，与水化铝酸钙作用生成不溶于水的水化硫铝酸钙，减少了溶液中Al^{3+}的浓度，延缓水泥凝结时间，如加石膏过量，则会在水中产生过量的Ca^{2+}，增加溶液中正离子浓度的同时，还会使水泥速凝。石膏的一般掺量约占水泥的2%~5%。

245. 普通硅酸盐水泥的包装、标志、运输和储存的要求是什么？

包装——水泥可以散装或袋装，袋装水泥每袋净含量为50kg，且应不少于标志质量的99%；随机抽取20袋总质量（含包装袋）应不少于1000kg。其他包装形式由供需双方协商确定，但有关袋装质量要求，应符合上述规定。

标志——水泥包装袋上应清楚地标明：执行标准、水泥品种、代号、强度等级、生产厂名称、生产许可证标志及编号、出厂编号、包装日期、净含量。包装袋两侧应根据水泥的品种采用不同的颜色印刷水泥名称和强度等级，硅酸盐水泥和普通硅酸盐水泥采用红色（矿渣硅酸盐水泥采用绿色；火山灰质硅酸盐水泥、粉煤灰硅酸盐水泥和复合硅酸盐水泥采用黑色或蓝色）。散装发运时应提交与袋装标志相同内容的卡片。

运输与储存——水泥在运输与储存时不得受潮和混入杂物，不同品种和强度等级的水泥在储运中避免混杂。

246.《通用硅酸盐水泥》(GB 175—2007)国家标准中对凝结时间有什么要求？

硅酸盐水泥初凝时间不小于45min，终凝时间不大于390min。普通硅酸盐水泥、矿渣硅酸盐水泥、火山灰质硅酸盐水泥、粉煤灰硅酸盐水泥和复合硅酸盐水泥初凝时间不小于45min，终凝时间不大于600min。

247. 影响水泥强度的主要因素有哪些？

影响水泥强度的主要因素有：熟料的矿物组成；水泥细度；施工条件（水灰比及密实程度、养护温度、外加剂等）。

248. 现有一组水泥试样的 28 天抗压强度分别为 40.1MPa、46.3MPa、46.1MPa、44.2MPa、47.8MPa、48.4MPa，求该组试件的 28 天抗压强度。

(1) 先求平均值：$(40.1+46.3+46.1+44.2+47.8+48.4)/6=45.5$MPa；

(2) 求最大值、最小值与平均值的差值是否超过±10%；

$(40.1-45.5)/45.5×100\%=-11.9\%$

$(48.4-45.5)/45.5×100\%=6.4\%$

(3) 将最小值剔除掉再求平均值：$(46.3+46.1+44.2+47.8+48.4)/5=46.6$MPa；

(4) 再求剩下的 5 个数值中最大值、最小值与平均值的差值是否超过±10%；

$(44.2-46.6)/46.6×100\%=-5.2\%$

$(48.4-46.6)/46.6×100\%=3.9\%$

得出，该组试件的 28 天抗压强度为 46.6MPa。

249. 水泥凝结时间试验中需要注意哪些操作要点？

(1) 测定时应注意在最初测定的操作时应轻轻扶持金属柱，使其徐徐下降，以防试针撞弯，但结果以自由下落为准；

(2) 在整个测试过程中试针沉入的位置至少要距试模内壁 10mm；

(3) 临近初凝时，每隔 5min 测定一次；临近终凝时，每隔 15min 测定一次。到达初凝或终凝时应立即重复测一次，当两次结论相同时，才能定为到达初凝或终凝状态。每次测定不能让试针落入原针孔，每次测试结束后需将试针擦净并将试模放回湿气养护箱内，整个测试过程要防止试模受振。

250. 用负压筛析法进行普通硅酸盐水泥细度试验。试验前先标定负压筛，选用的水泥细度标准样的标准筛余量为 4.04%。称取两个标准试样，质量分别为 25.12g 和 25.08g，筛毕后称量全部筛余物分别重 1.11g 和 1.05g。称取两个待测样品质量分别为 25.01g 和 25.09g，筛毕后称量全部筛余物分别重 1.89g 和 2.10g。计算该水泥的细度。[参考《水泥细度检验方法筛析法》(GB/T 1345—2005)]

$F_{标1}=R_t/W=1.11/25.12=4.42\%$；

$F_{标2}=R_t/W=1.05/25.08=4.19\%$；

$F=(4.42\%+4.19\%)/2=4.30\%$；

$C=4.30/4.04=1.06$；

C 值在 0.80~1.20 之间，试验筛可以用。

$F_{样1}=R_t/W=1.89/25.01=7.6\%$；

$F_{样2}=R_t/W=2.10/25.09=8.4\%$；

$F=(7.6\%+8.4\%)/2=8.0\%$；

$1.06×8.0\%=8.5\%$；

得出，该水泥细度为 8.5%。

251. 请简述负压筛析法测定水泥细度的试验过程。[参考《水泥细度检验方法筛析法》(GB/T 1345—2005)]

(1) 试验前所用试验筛应保持清洁、干燥。试验时，80μm 筛析试验称取试样 25g，

45μm 筛析试验称取试样 10g。

（2）筛析试验前把负压筛放在筛座上，盖上筛盖，接通电源，检查控制系统，调节负压至 4000～6000Pa 范围内。

（3）称取试样精确至 0.01g，置于洁净的负压筛中，放在筛座上，盖上筛盖，接通电源，开动筛析仪连续筛析 2min，在此期间如有试样附着在筛盖上，可轻轻敲击筛盖使试样落下。筛毕，用天平称量全部筛余物。

252. 请简述水泥密度测定的原理和测定步骤。[参考《水泥密度测定方法》（GB/T 208—2014）]

（1）方法原理：

将水泥倒入装有一定量液体介质的李氏比重瓶内，并使液体介质充分浸透水泥颗粒。根据阿基米德定律，水泥的体积等于它所排开的液体体积，从而算出水泥单位体积的质量即为密度，为使测定的水泥不产生水化反应，液体介质采用无水煤油。

（2）测定步骤：

将无水煤油注入李氏比重瓶中 0～1mL 刻度线后（以弯液面下平面为准），盖上瓶塞，放入恒温水槽内，使刻度部分浸入水中（水温应控制在李氏比重瓶刻度时的温度），恒温静置 30min，记下初始（第一次）读数。从恒温水槽中取出李氏比重瓶，用滤纸将李氏比重瓶细长颈内没有煤油的部分仔细擦干净。水泥试样应预先通过 0.90mm 方孔筛，在（110±5）℃温度下干燥 1h，并在干燥器内冷却至室温。称取水泥 60g，称准至 0.01g。用小匙将水泥样品一点一点地装入李氏比重瓶中，反复摇动（亦可用超声振动），至没有气泡排出，再次将李氏比重瓶静置于恒温水槽中，至 30min，记下第二次读数。第一次读数和第二次读数时，恒温水槽的温度差不大于 0.2℃。

253. 请简述水泥测定标准稠度用水量的测定（标准法）步骤。[参考《水泥标准稠度用水量、凝结时间、安定性检验方法》（GB/T 1346—2011）]

（1）用水泥净浆搅拌机搅拌，先将搅拌锅和搅拌叶用布擦干，将拌和水倒入搅拌锅内，然后在 5～10s 内小心将称好的 500g 水泥加入水中，防止水和水泥溅出；拌和时，先将锅放在搅拌机的锅座上，升至搅拌位置，启动搅拌机，低速搅拌 120s，停 15s，同时将叶片和锅壁上的水泥浆刮入锅中间，高速搅拌 120s 后停机。

（2）检查维卡仪放入金属棒能否自由滑动，调整维卡仪标准稠度用试杆至接触玻璃板时指针对准零点。

（3）立即将拌制好的水泥净浆装入已置于玻璃底板上的试模中，用小刀插捣，轻轻振动数次，刮去多余的净浆；抹平后迅速将试模和底板移到维卡仪上，并将其中心定在试杆下，降低试杆直至与水泥净浆表面接触，拧紧螺钉 1～2s 后，突然放松，使试杆垂直自由地沉入水泥净浆中。在试杆停止沉入或释放试杆 30s 时记录试杆距底板之间的距离，升起试杆后，立即擦净。整个操作应在搅拌后 1.5min 内完成。以试杆沉入净浆并距底板 6mm±1mm 的水泥净浆为标准稠度净浆。

254. 水泥抗折、抗压强度测定时，试验结果如何确定？〔参考《水泥胶砂强度检验方法（ISO 法）》（GB/T 17671—2021）〕

抗折强度以一组三个棱柱体抗折结果的平均值作为试验结果（精确至 0.1MPa）。当三个强度值中有一个超出平均值±10%时，应剔除后再取平均值作为抗折强度试验结果。当三个强度值中有两个超出平均值±10%时，则以剩余一个作为抗折强度结果。

抗压强度以一组三个棱柱体上得到的六个抗压强度测定值的算术平均值作为抗压强度的试验结果（精确至 0.1MPa）。如六个测定值中有一个超出平均值±10%，就应剔除这个结果，而以剩下五个测定值的平均数为结果。如果五个测定值中再有超过它们平均数±10%的，则此组结果作废。当六个测定值中同时有两个或者两个以上超出平均值±10%的，则此组结果作废。

255. 请简述水泥比表面积测定方法（勃氏法）的原理。

本方法主要是根据一定量的空气通过具有一定空隙率和固定厚度的水泥层时，所受阻力不同而引起流速的变化来测定水泥的比表面积。在一定空隙率的水泥层中，空隙的大小和数量是颗粒尺寸的函数，同时也决定了通过料层的气流速度。

256. 水泥胶砂试件的养护应注意哪些要点？

（1）脱模前的处理和养护

在试模上盖一块玻璃板，也可用相似尺寸的钢板或不渗水的、和水泥没有反应的材料制成的板。盖板不应与水泥胶砂接触，盖板与试模之间的距离应控制在 2～3mm 之间。

立即将做好标记的试模放入养护室或湿箱的水平架子上养护，湿空气应能与试模各边接触。养护时不应将试模放在其他试模上，应一直养护到规定的脱模时间后取出脱模。

（2）脱模

脱模应非常小心，脱模时可以用橡皮锤或脱模器。

对于 24h 龄期的，应在破型试验前 20min 内脱模。对 24h 以上龄期的，应在成型后 20～24h 之间脱模。

如经 24h 养护，会因脱模对强度造成损害时，可以延迟至 24h 以后脱模，但在试验报告中应予说明。

已确定作为 24h 龄期试验（或其他不下水直接做试验）的已脱模试体，应用湿布覆盖至试验为止。

（3）水中养护

将做好标记的试体立即水平或竖直放在（20±1）℃的水中养护，水平放置时刮平面应朝上。

试体放在不易腐烂的篦子上，并彼此间保持一定间距，让水与试体的六个面接触。养护期间试体之间间隔或试体上表面的水深不应小于 5mm。

每个养护池只能养护同类型的水泥试件。

最初用自来水装满养护池（或容器），随后随时加水保持适当的水位。在养护期间，可以更换不超过50%的水。

除24h龄期或延迟至48h脱模的试体外,任何到龄期的试件应在试验(破型)前提前从水中取出。揩去试体表面沉积物,并用湿布覆盖至试验为止。

257. 请简述水泥胶砂流动度测定的试验操作要点。

如跳桌在24h内未被使用,先空跳一个周期25次。

胶砂制备按《水泥胶砂强度检验方法(ISO法)》(GB/T 17671—2021)有关规定进行。在制备胶砂的同时,用潮湿棉布擦拭跳桌台面、试模内壁、捣棒以及与胶砂接触的用具,将试模放在跳桌中央并用潮湿棉布覆盖。

将拌好的胶砂分两层迅速装入试模,第一层装至截锥圆模高度约三分之二处,用小刀在相互垂直两个方向各划5次,用捣棒由边缘至中心均匀捣压15次;随后,装第二层胶砂,装至高出截锥圆模约20mm,用小刀在相互垂直的两个方向各划5次,再用捣棒由边缘至中心均匀捣压10次。捣压后胶砂应略高于试模。捣压深度:第一层捣至胶砂高度的二分之一,第二层捣实不超过已捣实底层表面。装胶砂和捣压时,用手扶稳试模,不要使其产生移动。

捣压完毕,取下模套,用小刀倾斜着从中间向边缘分两次以近水平的角度抹去高出截锥圆模的胶砂,并擦去落在桌面上的胶砂。将截锥圆模垂直向上轻轻提起。立即开动跳桌,以每秒钟一次的频率在25s±1s内完成25次跳动。

流动度试验,从胶砂加水开始到测量扩散直径结束,应在6min内完成。

258.《通用硅酸盐水泥》(GB 175—2007)国家标准中对水泥细度有什么要求?

硅酸盐水泥和普通硅酸盐水泥的细度以比表面积表示,其比表面积不小于$300m^2/kg$;矿渣硅酸盐水泥、火山灰质硅酸盐水泥、粉煤灰硅酸盐水泥和复合硅酸盐水泥的细度以筛余表示,其$80\mu m$方孔筛筛余不大于10%或$45\mu m$方孔筛筛余不大于30%。

259. 水泥压蒸安定性试验方法的原理是什么?什么是压蒸?

在饱和水蒸气条件下提高温度和压力使水泥中的方镁石在较短的时间内绝大部分水化,用试件的形变来判断水泥浆的体积的安定性。压蒸是指在温度大于100℃的饱和水蒸气条件下的处理工艺。为了使水泥中的方镁石在短时间里水化,用215.7℃的饱和水蒸气处理3h,其对应压力为2.0MPa。

260. 请简述水泥压蒸安定性试验试件的成型操作要点。

(1)水泥标准稠度净浆的制备:每个水泥样应成型两条试件,需称取水泥800g,用标准稠度水量拌制。

(2)试体的成型:将已拌和均匀的水泥浆体,分两层装入已准备好的试模内。第一层浆体装入高度约为试模高度的五分之三,先以小刀划实,尤其钉头两侧应多插几次,然后用23mm×23mm捣棒由钉头内侧开始,即在两钉头尾部之间,从一端向另一端顺序地捣压10次,往返共捣压20次,再用捣棒在钉头两侧各捣压2次,然后再装入第二层浆体,浆体装满试模后,用刀划匀,刀划的深度应透过第一层浆体表面,再用捣棒在浆体上顺序地捣压12次,往返共捣压24次。每次捣压时,应先将捣棒接触浆体表面,再用力捣压。捣压必须均匀,不得打击。捣压完毕以后将剩余浆体装到模上,用刀抹平，放入湿气养护箱中养护 3~5h 后，将模上多余浆体刮去，使浆体面与模型边平齐，然后记录编号，放入湿气养护箱中养护至成型后 24h 脱模。

261. 简述通用硅酸盐水泥的定义、分类、材料组成、强度等级的具体内容。

（1）定义：以硅酸盐水泥熟料和适当的石膏，及规定的混合材料制成的水硬性胶凝材料。

（2）分类：按混合材料的品种和掺量分为：硅酸盐水泥、普通硅酸盐水泥、矿渣硅酸盐水泥、火山灰质硅酸盐水泥、粉煤灰硅酸盐水泥和复合硅酸盐水泥。

（3）材料组成：硅酸盐水泥熟料、石膏、活性混合材料、非活性混合材料、窑灰、助磨剂等。

（4）强度等级：

硅酸盐水泥：42.5、42.5R、52.5、52.5R、62.5、62.5R 六个等级；

普通硅酸盐水泥：42.5、42.5R、52.5、52.5R 四个等级；

其他水泥：32.5、32.5R、42.5、42.5R、52.5、52.5R 六个等级。

262. 详述硅酸盐水泥熟料的矿物组成及其性质。

硅酸盐水泥原料经高温煅烧后，CaO、SiO_2、Al_2O_3、Fe_2O_3 四种成分化合为熟料中的主要矿物组成：

硅酸三钙（$3CaO \cdot SiO_2$）反应速度较快，放热量较大，强度最高，耐化学侵蚀性居中，干缩性居中；

硅酸二钙（$2CaO \cdot SiO_2$）反应速度最慢，放热量最小，强度早期低，后期增长率较大，耐化学侵蚀性居中，干缩性最小；

铝酸三钙（$3CaO \cdot Al_2O_3$）反应速度最快，放热量最大，强度不高，耐化学侵蚀性最差，干缩性最大；

铁铝酸四钙（$4CaO \cdot Al_2O_3 \cdot Fe_2O_3$）反应速度较快，放热量居中，对抗折强度有利，耐化学侵蚀性最优，干缩性最小。

263. 水泥安定性不合格的原因是什么？它会对工程造成什么影响？如何进行处理？

水泥安定性不合格的原因主要是：由于熟料中所含的游离氧化钙过多，也可能是熟料中所含的游离氧化镁过多或掺入的石膏过多。熟料中所含的游离钙或氧化镁都是过烧的，熟化很慢，在水泥已经硬化后才进行熟化，这时体积膨胀，引起不均匀的体积变化，使水泥石开裂。当石膏掺量过多时，在硬化后它还会继续与固态的水化铝酸钙反应生成高硫型水化硫铝酸钙，体积膨胀 1.5 倍，也会引起水泥石开裂。水泥安定性不合格会使已经硬化的混凝土产生不均匀的体积变化，从而产生膨胀性裂缝，降低建筑物质量，甚至引起严重事故。

发现水泥安定性不合格后，首先，要将水泥封存，不得再用于任何工程；其次，必须要调查不合格水泥用在什么部位，严重的要将工程拆除返工，以免造成工程质量隐患，次要部位要继续观察检查，并可将有隐患的工程部位的混凝土、砂浆进行取样蒸煮试验，以确定对工程的影响。

安定性不合格的水泥，随存放时间的延长，水泥中的游离氧化钙和游离氧化镁会和空气中的水分化合,随时间而逐渐消解,可再次进行安定性试验,合格后可使用在不受承重的部位,避免浪费资源。

264. 简述水泥密度的试验过程。

用洁净的李氏比重瓶注入无水煤油至 0~1mL 刻度线后,盖上瓶塞放入恒温水槽内,使刻度部分浸入水中,恒温静置 30min(温度控制在李氏比重瓶刻度时的温度),记下初始第一次读数。将瓶取出,用滤纸将瓶细长颈内没有煤油的部分仔细擦干净,称取水泥样品(预先通过 0.90mm 方孔筛,在 (110±5)℃温度下干燥 1h,并在干燥器内冷却至室温)60g,准确至 0.01g,用小匙将样品一点一点地装入李氏比重瓶中,反复摇动至无气泡排出,再次将李氏比重瓶静置于恒温水槽中,至 30min,记录第二次读数,两次读数时水的温差不大于 0.2℃,水泥体积为第二次读数减去第一次(初始)读数,即为水泥所排开的无水煤油的体积(mL),从而计算水泥密度 ρ(g/cm^3)。

265. 强度等级为 32.5 的复合硅酸盐水泥样品,进行 28d 龄期胶砂强度检验的结果如下:抗折荷载分别为:2.85kN;2.73kN;2.56kN。抗压荷载分别为:67.8kN;69.3kN;63.7kN;66.9kN;65.3kN;65.6kN。计算该水泥的抗压强度和抗折强度。

抗折强度:$(1.5×2.85×100)/4^3=6.7$MPa

$(1.5×2.73×100)/4^3=6.4$MPa

$(1.5×2.56×100)/4^3=6.0$MPa

平均值:$(6.7+6.4+6.0)/3=6.4$MPa

抗压强度:$67.8/1600×1000=42.4$MPa

$69.3/1600×1000=43.1$MPa

$63.7/1600×1000=39.8$MPa

$66.9/1600×1000=41.8$MPa

$65.3/1600×1000=40.8$MPa

$65.6/1600×1000=41.0$MPa

平均值:$(42.4+43.1+39.8+41.8+40.8+41.0)/6=41.5$MPa

266. 有一组水泥进行凝结时间检测,加水时间为 10 时 30 分,到初凝时间为 14 时 07 分,到终凝时间为 15 时 20 分,计算初凝时间和终凝时间。

初凝时间:217min,终凝时间:290min。

267. 简述进行复合硅酸盐水泥强度检验时如何确定用水量。

复合硅酸盐水泥其用水量按 0.50 水灰比和胶砂流动度不小于 180mm 来确定,当流动度小于 180mm 时,应以 0.01 的整倍数递增的方法将水灰比调整至胶砂流动度不小于 180mm。

268. 进场水泥复验时,取样批量应如何确定?应如何进行取样及处理、保存所取样品?

进场的水泥应按批进行复检。按同一生产厂家、同一等级、同一品种、同一批号且连续进场的水泥,袋装不超过 200t 为一批,散装不超过 500t 为一批,每批抽样不少于一次。取样应具有代表性，可以连续取样，也可从20个以上不同部位取等量样品，总量应不少于20kg，将所取样品充分混合后通过0.9mm方孔筛，均分为试验样和封存样。封存样应加封条，密封保管三个月。

269. 进行水泥强度检验的各试验阶段，应如何控制实验室的环境条件和试件的养护条件？应如何记录？

实验室的温度应控制在（20±2）℃，相对湿度不低于50%；试体带模养护的湿气养护箱的温度为（20±1）℃，相对湿度不低于90%；养护池水温应在（20±1）℃范围内。

270. 简述测定标准稠度用水量过程中水泥净浆的拌制过程。

先用布将搅拌锅和搅拌叶擦干，预估拌和水用量，并准确量取后倒入搅拌锅内，然后在5~10s内小心将称好的500g水泥加入水中，防止水和水泥溅出；将搅拌锅放在搅拌机的锅座上，升至搅拌位置，启动搅拌机，低速搅拌120s，停15s，同时将叶片和锅壁上的水泥刮入锅中间，高速搅拌120s后停机。

271. 简述水泥细度负压筛的标定试验过程。

（1）被标定的试验筛应事先经过清洗、去污、干燥（水筛除外）并和标定试验室温度一致。

（2）将水泥细度标准样品装入干燥的密闭广口瓶中，盖上盖子摇动2min，消除结块。静置2min后，用一根干燥洁净的搅拌棒搅拌均匀。

（3）将负压筛放在筛座上，盖上筛盖，接通电源，检查控制系统，调节负压至4000~6000Pa范围内。

（4）称取水泥细度标准样品，置于洁净的负压筛中，放在筛座上，盖上筛盖，开动筛析仪连续筛析2min，在此期间如有试样附着在筛盖上，可轻轻敲击，使试样落下。筛毕，用天平称量全部筛余物。

（5）每个试验筛的标定应称取两个标准样品连续进行，中间不得插做其他样品。

（6）以两个样品测定值的算术平均值为最终值，但当两个样品的筛余结果相差大于0.3%时，应称第三个样品进行试验，并取接近的两个测定值取平均值作为结果。

272. 矿渣粉的含水量如何测定？

原理：将矿渣粉放入规定温度的烘干箱内烘至恒量，以烘干前、烘干后的质量之差与烘干前的质量之比确定矿渣粉的含水量。

仪器：烘干箱（可控制温度不低于110℃，最小分度值不大于2℃）、天平（量程不小于50，最小分度值不大于0.01g）。

试验步骤：

（1）将蒸发皿在烘干箱中烘干至恒量，放入干燥器中冷却至室温后称重（m_0）。

（2）将约50g的矿渣粉样品倒入蒸发皿中称重（m_1），精确至0.01g。

（3）将矿渣粉样品与蒸发皿一起放入105~110℃烘干箱内烘至恒量，取出放在干燥器中冷却至室温后称重（m_2），精确至0.01g。

（4）结果计算：

含水量按下式计算，结果保留至 0.1%。

$$w=\frac{(m_1-m_2)}{m_1-m_0}\times 100\%$$

式中：

w——含水量，%；

m_0——蒸发皿的质量，单位为克（g）；

m_1——烘干前样品与蒸发皿的质量，单位为克（g）；

m_2——烘干后样品与蒸发皿的质量，单位为克（g）。

273. 请简述水泥手工取样的方法。

（1）散装水泥：当所取水泥深度不超过 2m 时，每一个编号内采用散装水泥取样器随机取样。通过转动取样器内管取样开关，在适当位置插入水泥一定深度，关闭后小心取出，将水泥样品放入干燥洁净的容器中。每次取样的单样量应当尽量一致。

（2）袋装水泥：每一个编号内随机抽取不少于 20 袋水泥，采用袋装水泥取样器取样，将取样器沿对角线方向插入水泥袋中，用大拇指按住气孔，小心抽取出样管，将水泥样品放入干燥洁净的容器中。每次取样的单样量应当尽量一致。

2.3.2 砂基础知识与检验

274. 在机制砂生产中，岩石的破碎方式有哪几种？

在机制砂生产中，机械破碎岩石的主要方式有压碎、劈碎、折断、磨碎和击碎。每种破碎设备都不是单一的破碎方式，比如制砂机就有击碎、折断、磨碎等多种方式同时存在。

275. 按粒径大小，矿石的破碎等级如何划分？

破碎设备破碎矿石等级划分是有规定标准的：主要分为粗碎、中碎、细碎三个等级：粗碎：给矿粒度为 1500~500mm，破碎到 400~125mm；中碎：给矿粒度为 400~125mm，破碎到 100~50mm；细碎：给矿粒度为 100~50mm，破碎到 25~5mm。

276. 筛分作业是砂石生产中的关键工序，什么是筛分作业？筛分方法又有哪几种？

将颗粒大小不同的混合物料按其粒度级别分开的作业称为筛分作业。按照筛分的性质和特点，目前在工业中广泛应用的筛分方法有普通筛分法、薄层筛分法、概率筛分法和厚层筛分法。

277. 常见的破碎设备有哪几种？

破碎设备按工作原理和结构特征可划分为：颚式破碎机、辊式破碎机、圆锥破碎机、反击式破碎机、冲击式破碎机（制砂机）等。

278. 什么是颚式破碎机？

颚式破碎机的工作部分是两块颚板，一块是固定颚板（定颚），垂直（或上端略外倾）固定在机体前壁上，另一块是活动颚板（动颚），位置倾斜，与固定颚板形成上大下小的破碎腔（工作腔）。

活动颚板对着固定颚板做周期性的往复运动，时而分开，时而靠近。分开时，物料进入破碎腔，成品从下部卸出；靠近时，使装在两块颚板之间的物料受到挤压、因弯折和劈裂作用而破碎。

279. 圆锥破碎机的工作原理是什么？

圆锥破碎机的原理是：电动机通过传动装置带动偏心轴套旋转，动锥在偏心轴套的迫动下做旋转摆动，动锥靠近静锥的区段即成为破碎腔，物料受到动锥和静锥的多次挤压和撞击而破碎。动锥离开该区段时，该处已破碎至要求粒度的物料在自身重力作用下下落，从锥底排出。

280. 反击式破碎机的工作原理是什么？

机器工作时，在电动机的带动下，转子高速旋转，物料进入板锤作用区时，与转子上的板锤撞击破碎，后又被抛向反击装置上再次破碎，然后又从反击衬板上弹回到板锤作用区重新破碎，此过程重复进行，物料由大到小进入一、二、三反击腔重复进行破碎，直到物料被破碎至所需粒度，由出料口排出。

281. 什么是巴马克制砂机？

物料由机器上部垂直落入高速旋转的叶轮内，在高速离心力的作用下，与另一部分以伞状形式分流在叶轮四周的物料产生高速撞击与粉碎，物料在互相撞击后，又会在叶轮和机壳之间以物料形成涡流多次的互相撞击、摩擦而粉碎，从下部直通排出，形成闭路多次循环，细碎后的石料进振动筛筛分出两种石子，满足制砂机进料粒度的石子进制砂机制砂，另一部分返料进细破。

282. 机制砂粒形与破碎设备关系密切，各种破碎设备的产品粒形对比如何？

在各种破碎设备中，立轴冲击式破碎机（巴马克）粒形最好，其次是反击破碎机，再次是圆锥破碎机，颚式破碎机最差。

283. 砂石设备系统中除破碎设备以外，还需要哪些重要设备？

在目前砂石设备系统中，除破碎设备以外，还需要筛分机械、输送机械、石粉分离设备、除尘设备、电控设备及供水供气等辅助设备。

284. 为什么破碎设备中尽可能的"以破代磨，多破少磨"？

因为破碎的能源利用率要比粉磨高，多破少磨有利于节约能源，但也不能完全以破代磨，因为两者的能源利用率随着物料粒度的变小成反向变化。

285. 反击式破碎机用于砂石生产的优势是什么？

反击式破碎机具有结构简单、维修方便、破碎产品粒形良好、细碎功能强大、破碎比可调、石灰石制砂时成砂率大于50%等优势。

286. 为什么机制砂的细度模数不稳定？

在生产过程中入料岩性、含水率和级配容易变化，筛分过程中会出现堵孔、破损等问题，破碎、除尘设备效率、参数不稳定，从而导致机制砂细度模数不稳定。

287. 为什么要进行颗粒整形？

普通的机制砂棱角多、表面粗糙、颗粒不方正，针片状较多，会对混凝土性能产生不利影响。进行颗粒整形对上述问题可以得到有效改善。

288. 机制砂生产的破碎工艺及设备组合种类繁多,常见的有哪几种?

机制砂生产的主要设备组合有:A. 颚式破碎机+反击式破碎机(常见);B. 颚式破碎机+圆锥式破碎机;C. 颚式破碎机+辊式破碎机;D. 颚式破碎机+反击式破碎机+冲击式制砂整形机(常见);E. 颚式破碎机+圆锥式破碎机+冲击式制砂整形机或制砂系统(常见)。

289. 振动筛是砂石生产的主要设备,目前有哪几种振动筛用于机制砂石的筛分?

主要用于砂石生产的筛分设备是:棒条筛、圆筒筛、圆振动筛、直线振动筛、高频筛以及概率筛六个类型,其中棒条筛主要用于除土工序,以圆振动筛、直线振动筛较为常见。

290. 石粉分离的主要工艺方法有哪几种?

从行业工艺设备的发展来看,目前剔除原状砂中多余石粉的方法主要有水洗水力分级法、高频筛机械筛分法和选粉除尘风力分级法。

291. 预拌混凝土所用天然砂的主要技术要求是什么?

预拌混凝土需用细度模数为 2.3~3.0 的中砂,含泥量和泥块含量随混凝土强度等级升高而递减,含泥量最高不大于 5.0%,泥块含量最高应不大于 2.0%。此外,还要注意通过 0.315mm 筛孔的砂不少于 15%。这对混凝土的可泵性影响很大,此值过低易堵泵,使混凝土保水性变差,易泌水。

292. 砂子过细会带来什么影响?

细度模数为 1.6~2.2 的砂为细砂,1.5~0.7 的为特细砂。砂子过细,混凝土需水量上升,当混凝土用砂从中砂变为细砂时,若保持相同的流动性,则单方用水量需增加 5kg。同时,用细砂配制的混凝土流动性、可泵性和保塑性都很差,混凝土强度也会下降,梁板结构易开裂。

293. 砂子过粗会带来什么影响?

细度模数为 3.1~3.7 的砂为粗砂。采用粗砂配制的混凝土和易性及可泵性差,不黏稠,极易泌水。此时应掺入一些细砂,将细度模数降到 2.7 左右。同时要进行筛分检验,保证砂的级配良好。

294. 砂的级配对混凝土的工作性能有哪些方面的影响?

砂的细度模数仅是表征砂粗细的宏观指标,而砂的级配则是决定其品质的内在因素,对新拌混凝土的工作性能有很大影响。例如,同样是细度模数为 2.6 的砂,相同配合比的混凝土,其流动性大小的顺序是:连续级配砂配制的混凝土>中间级配多、两端级配少的砂配制的混凝土>两端级配多、中间级配少的砂配制的混凝土。

295. 在进行砂的碱活性试验时,制作试件的水泥应符合哪些要求?

在作一般骨料活性鉴定时,应使用高碱水泥,含碱量为 1.2%;低于此值时,掺浓度为 10% 的氢氧化钠溶液,将碱含量调至水泥量的 1.2%;对于具体工程,当该工程拟用水泥的含碱量高于此值,则应采用工程所使用的水泥。水泥含碱量以氧化钠(Na_2O)计氧化钾(K_2O)换算为氧化钠时乘以换算系数 0.658。

296. 砂含泥量大会带来什么后果?

砂含泥量大,混凝土需水量大,保塑性差,收缩加大,混凝土强度下降,结构易开裂,因此要控制机制砂含泥量不大于3%(C30~C50),高强混凝土含泥量要求更高。

297. 如何解决已进场的砂子中有泥块的问题?

可以在砂子下料斗上安装一个斜形大筛子(斜度为45,孔径5mm),为使砂过筛速度加快,可以在筛子上安装一个振动器,筛子的斜度可根据筛分效果调整。这样,砂子中的泥块就可以去除,而且筛分后的砂子很松散,同时还解决了所含泥砂粘在斗壁上下料速度慢的问题,实际使用效果很好。过筛下来的泥块要随时清理。含泥量大的砂子单独堆放,可用于C10、C15非结构混凝土中。

298. 机制砂配制的混凝土为什么往往流动性不好,如何解决?

机制砂由于采用机械破碎,其外形尖棱角多,表面粗糙,细度模数偏高。因此,配制的混凝土流动性差。使用成套的机制砂生产线,借助琴弦筛筛分出3~5mm石屑后,再经立轴整形工艺进一步破碎和整形,制得0~5mm的机制砂,并改善粒形、级配和细度模数。

299. 什么情况下要检测砂的坚固性指标?

(1) 在严寒及寒冷地区室外使用并经常处于潮湿或干湿交替状态下的混凝土;

(2) 有抗疲劳、耐磨、抗冲击要求的混凝土;

(3) 有腐蚀性介质作用或经常处于水位变化的地下结构混凝土;

(4) 设计有特殊要求的混凝土工程,一般要求5次循环后质量损失≤8%。

300. 使用优质机制砂可带来什么效益?

优质机制砂的生产过程是:骨料在整形机内被转子刀头高速冲击而高速射入物料密集悬浮的破碎腔内,物料间高速撞击产生高频率的"解理粉碎",破碎成砂的物料像波涛汹涌的江水一样呈漩涡串流状态,物料间产生激烈的"搓""磨",从而变成圆形颗粒的砂子。优质机制砂外形浑圆,级配良好,细度模数可调,含泥量极少,配制的混凝土流动性好,外加剂和混凝土用水量少,质量稳定,单方混凝土成本可下降20元左右。

301. 什么是尾矿砂?

尾矿砂是铁、铜等矿山开采后的废弃物,经破碎、筛分而制成的机制砂。试验研究证明,尾矿砂亚甲蓝值不大于1.4,石粉含量不大于7%时,混凝土收缩并无明显增大。尾矿砂的保水性不如天然砂,因此,在配制混凝土时应注意避免泌水。

302. 简述砂样品的人工四分法缩分步骤。

砂样品的人工四分法步骤为:将样品置于平板上,在潮湿状态下拌和均匀,并堆成厚度约为20mm的"圆饼"状,然后沿互相垂直的两条直径把"圆饼"分成大致相等的四份,取其对角的两份重新拌匀,再堆成"圆饼"状。重复上述过程,直至使样品缩分后的材料量略多于进行试验所需量为止。

303. 简述砂样品用分料器缩分的步骤。

砂样品用分料器缩分的步骤为：将样品在潮湿状态下拌和均匀，然后通过分料器，留下两个接料斗中的一份，并将另一份再次通过分料器。重复上述过程，直至把样品缩分至试验所需量为止。

304. 简述砂中含泥量试验中试样制备规定。

样品缩分后，样品不少于1100g，置于温度为（105±5）℃的烘箱中烘干至恒重，冷却至室温后，用筛孔尺寸为1.25mm的方孔筛筛分，称取各为400g的试样两份备用。

305. 普通混凝土用砂含泥量试验时应称取样品质量为多少？怎样确定试验结果的测定值？什么情况下应重新取样进行试验？

含泥量试验称取各为400g的试样两份，以备做两个平行样；以两个试样试验结果的算术平均值作为测定值。当两次结果之差大于0.5%时，应重新取样进行试验。

306. 简述砂中泥块含量试验中试样制备规定。

将样品缩分至5000g，置于温度为（105±5）℃的烘箱中烘干至恒重，冷却至室温后，用公称直径1.25mm的方孔筛筛分，取筛上的砂不少于400g的试样两份备用。特细砂按实际筛分量。

307. 配制混凝土时宜优先选用几区砂？在选用其他区的砂时，配制混凝土应如何调整？

配制混凝土适宜选用Ⅱ区砂。采用Ⅰ区砂时，应提高砂率，并保持足够的水泥用量，满足混凝土的和易性要求；当采用Ⅲ区砂时，宜降低砂率；当采用特细砂时，应符合相应的规定。

308. 简述砂的堆积密度的试验步骤。

先将公称直径为5.00mm的筛子过筛，然后取经缩分后的样品不少于3L，装入浅盘，在温度（100±5）℃的烘箱烘干至恒重，取出并冷却至室温，分成大致相等的两份备用。试样烘干后若有结块，应在试验前予以捏碎。

取试样一份，用漏斗或铝制勺，将它徐徐装入容量筒（漏斗出料口或料勺距容量筒筒口距离不应超过50mm）直至试样装满并超出容量筒筒口，然后用直尺将多余试样沿筒口中心线向相反方向刮平，称其质量。

309. 简述砂的筛分析试验步骤、计算公式。

准确称取烘干试样500g（特细砂可称取250g），置于按筛孔大小顺序排列的套筛的最上面的一只筛（公称直径为5.00mm的方孔筛）上，将套筛装入摇筛机内固紧，筛分10分钟；然后取出套筛，再按筛孔由大到小的顺序，在干净的浅盘中逐一进行手筛，直至每分钟的筛出量不超过试样总量的0.1%时为止；通过的颗粒并入下一只筛子，并和下一只筛子中的试样一起进行手筛。按这样的步骤依次进行，直至所有的筛子全部筛完为止。

试样在各自筛子上的筛余量均不得超过按下式计算的值。

$$m_r = \frac{A\sqrt{d}}{300}$$

式中 m_r——某一筛上的剩余量（g）；

d——筛孔边长（mm）；

A——筛的面积（mm^2）。

计算得出的剩余量，否则应将该筛的筛余试样分为两份或数份，再次进行筛分，并以其筛余量之和作为该筛的筛余量。

称取各筛筛余试样的质量（精确至 1g），所有各筛的分计筛余量和底盘中的剩余量之和与筛分前的试样总量相比，相差不得超过 1%。

筛分析试验结果计算步骤：

（1）计算分计筛余（各筛上的筛余量除以试样总量的百分率），精确至 0.1%；

（2）计算累计筛余（该筛的分计筛余与筛孔大于该筛的各筛的分计筛余之和），精确至 0.1%；

（3）根据各筛两次试验累计筛余的平均值，评定该试样的颗粒级配分布情况，精确至 1%；

（4）砂的细度模数应按下式计算，精确至 0.01。

$$\mu_f = [(\beta_2 + \beta_3 + \beta_4 + \beta_5 + \beta_6) - 5\beta_1] \div (100 - \beta_1)$$

式中：

μ_f——砂的细度模数；

β_1、β_2、β_3、β_4、β_5、β_6——分别为公称直径 5.00mm、2.50mm、1.25mm、0.63mm、0.315mm、0.16mm 方孔筛上的累积筛余。

以两次试验结果的算术平均值作为测定值，精确至 0.1。当两次试验所得的细度模数之差大于 0.20 时，<u>应重新取试样进行试验</u>。

310. 试述砂中含泥量试验（标准法）试验步骤。

（1）样品缩分后，样品不少于 1100g，置于温度为（105±5）℃的烘箱中烘干至恒重，冷却至室温后，称取各为 400g（m_0）的试样两份备用。

（2）取烘干的试样一份置于容器中，并注入饮用水使水面高出砂面约 150mm，充分拌匀后，浸泡 2h，然后用手淘洗试样，使尘屑、淤泥、黏土与砂粒分离，并使之悬浮或溶于水中。缓缓将浑浊液倒入公称直径 1.25mm 及 0.08mm 的方孔套筛上，滤去小于 0.08mm 的颗粒。试验前筛子的两面应用水润湿，在整个过程中应避免砂粒丢失。

（3）再次加水于容器中，重复上述过程，直到筒内洗出的水清澈为止。

（4）用水淋洗剩留在筛上的细砂粒，并将 0.08mm 筛放在水中（使水面略高出筛中砂粒的上表面）来回摇动，以充分洗除小于 0.08mm 的颗粒。然后将两只筛上剩留的颗粒和容器中已经洗净的试样一并装入浅盘，置于温度为（105±5）℃烘箱中烘干至恒重，取出来冷却至室温后，称试样的质量（m_1）。

311. 写出砂的含水率试验步骤、计算公式（标准法）。

由密封的样品中取各重约 500g 的试样两份，分别放入已知质量的干燥容器（m_1）

中称量,记下每盘试样与容器的总重（m_2）,将容器连同试样一同放入温度为（100±5）℃的烘箱中烘干至恒重,称量烘干后的试样与容器的总质量（m_3）。

应按下式计算：

$$\omega_{W/C} = \left(\frac{m_2 - m_3}{m_3 - m_1}\right) \times 100\%$$

计算砂的含水率,精确至0.1%。以两次试验结果的算术平均值作为测定值。

312. 《普通混凝土用砂、石质量及检验方法标准》中,要求砂中氯离子的含量应符合哪些规定?

砂中氯离子的含量应符合下列规定：

对于钢筋混凝土用砂,其氯离子含量不得大于0.06%（以干砂的质量百分率计）；

对于预应力混凝土用砂,其氯离子含量不得大于0.02%（以干砂的质量百分率计）。

313. 写出天然砂中含泥量及泥块含量指标。

天然砂中含泥量应符合下表中的指标要求：

混凝土强度等级	≥C60	C55～C30	≤C25
含泥量（按质量计,%）	≤2.0	≤3.0	≤5.0

砂中泥块含量应符合下表：

混凝土强度等级	≥C60	C55～C30	≤C25
泥块含量（按质量计,%）	≤0.5	≤1.0	≤2.0

314. 现有一份砂样品,准确称取烘干试样两份,各500g,试样经筛分后结果,见下表：

砂筛筛孔公称直径（mm）		10.0	5.0	2.5	1.25	0.63	0.315	0.16	筛底
筛余量	第一次（g）	0	33	61	85	117	148	46	10
	第二次（g）	0	20	70	78	137	152	34	9

试计算砂的细度模数,并判断砂的粗细程度。

（1）先计算砂的分计筛余、累计筛余,见下表：

砂筛筛孔公称直径（mm）	分计筛余（%）		累计筛余（%）		
	第一次	第二次	第一次	第二次	平均值
10.0	0.0	0.0	0	0	0
5.0	6.6	4.0	6.6	4.0	5
2.5	12.2	14.0	18.8	18.0	18
1.25	17.0	15.6	35.8	33.6	35
0.63	23.4	27.4	59.2	61.0	60
0.315	29.6	30.4	88.8	91.4	90
0.16	9.2	6.8	98.0	98.2	98
过0.16	2.0	1.8	100.0	100.0	100

(2) 再计算砂的细度模数：

$\mu_{f1} = [(18.8+35.8+59.2+88.8+98.0) - 5 \times 6.6] \div (100-6.6) \approx 2.87$

$\mu_{f2} = [(18.0+33.6+61.0+91.4+98.2) - 5 \times 5.0] \div (100-4.0) \approx 2.94$

(3) 因两次试验所得的细度模数之差为 2.94－2.87＝0.07＜0.20，故该砂的细度模数为：

$$\mu_f = (2.87+2.94) \div 2 \approx 2.9$$

得出该砂细度模数为 2.9，位于 2.3～3.0 之间，属于中砂。

2.3.3 碎石基础知识与检验

315. 砂石试验中，如何判断某项试验的试样已烘干至恒重？

恒重是指在相邻两次称量间隔时间不小于 3h 的情况下，前后两次称量之差小于该项试验所要求的称量精度。

316. 简述碎石或卵石样品的缩分步骤。

碎石或卵石的缩分时，应将样品置于平板上，在自然状态下拌均匀，并堆成锥体，然后沿互相垂直的两条直径把锥体分成大致相等的四份，取其对角的两份重新拌匀，再堆成锥体，重复上述过程，直至缩分的材料量略多于试验所需量为止。

317. 请问砂、碎石或卵石的哪几项检验所用的试样可不经缩分，拌匀后直接进行试验？

砂、碎石或卵石的含水率、堆积密度、紧密密度检验所用的试样可不经缩分，拌匀后直接进行试验。

318. 碎石或卵石的坚固性应用什么方法进行检验？试样需经几次循环后，测定什么指标？

碎石或卵石的坚固性应用硫酸钠溶液法进行检验，试样需经 5 次循环后，测定其质量损失百分率。

319. 碎石或卵石中含泥量试验时，怎样确定试验结果的测定值？在什么情况下应重新进行试验？

以两个试样试验结果的算术平均值作为测定值。当两次结果之差大于 0.2％时，应重新取样进行试验。

320. 简述碎石或卵石的中泥块含量试验试样制备规定。

将样品缩分至略大于标准规定的量，缩分时应防止黏土块被压碎。缩分后的试样在温度为 (105±5)℃ 烘箱内烘干至恒重，冷却至室温后分成两份备用。

321. 公称粒级为 5～25mm 的碎石针状和片状颗粒的总含量试验时，应将试验筛划分为哪几个公称粒级？

公称粒级为 5～25mm 的碎石针状和片状颗粒的总含量试验时，应将试验筛划分为以下四个公称粒级：①5.00～10.0mm；②10.0～16.0mm；③16.0～20.0mm；④20.0～25.0mm。

322. 现有一份 16～31.5mm 的碎石样品，准确称取烘干试样 6300g，试样经筛分后结果见下表：

方孔筛筛孔边长尺寸（mm）	37.5	31.5	26.5	19.0	16.0	9.5	4.75	2.36	筛底
筛余量（g）	0	295	—	—	5599	—	391	—	15

附表：16～31.5mm 碎石样品的颗粒级配范围（部分）

方孔筛筛孔边长尺寸（mm）	37.5	31.5	26.5	19.0	16.0	9.5	4.75	2.36
累计筛余（%）	0	0～10	—	—	85～100	—	95～100	—

试计算各筛的累计筛余。根据附表，评定该试样是否符合 16～31.5mm 颗粒级配范围要求。

（1）先计算该碎石的分计筛余：

筛孔公称直径 31.5mm 筛上的分计筛余：$295 \div 6300 \times 100\% = 4.7\%$；

筛孔公称直径 16.0mm 筛上的分计筛余：$5599 \div 6300 \times 100\% = 88.9\%$；

筛孔公称直径 4.75mm 筛上的分计筛余：$391 \div 6300 \times 100\% = 6.2\%$。

（2）计算累计筛余，填入下表：

砂筛筛孔公称直径（mm）	分计筛余%	累计筛余%
37.5	0	0
31.5	4.7	5
16.0	88.9	94
4.75	6.2	100

对照碎石的颗粒级配范围可以看出，该样品符合 16～31.5mm 颗粒级配范围要求。

323. 碎石的表观密度（简易法）试验完毕后，记录数据如下：

试验序号	烘干后试样质量（g）	试样、水、瓶和玻璃片的总质量（g）	水、瓶和玻璃片的总质量（g）	水温对表观密度影响的修正系数
1	2100	2937	1620	0.004
2	2050	2932	1650	0.004

结合记录的数据，试求该碎石的表观密度。

两份碎石的表观密度分别为：

$\rho_1 = [2100 \div (2100 + 1620 - 2937) - 0.004] \times 1000 = 2680 \text{kg/m}^3$

$\rho_2 = [2050 \div (2050 + 1650 - 2932) - 0.004] \times 1000 = 2670 \text{kg/m}^3$

两次试验结果之差 $2680 - 2670 = 10 \text{kg/m}^3 < 20 \text{kg/m}^3$，

故该碎石的表观密度应取两次试验结果的算术平均值，

即 $\rho = (2680 + 2670) \div 2 = 2675 \text{kg/m}^3$。

324. 某一试验员在做碎石吸水率试验时，将经过浸泡 24h 的试样从水中取出，立即将试样放在浅盘中称重。问题：上述做法是否正确？如果不正确，请写出正确做法。

此做法不正确。正确做法：在做碎石吸水率试验时，将经过浸泡 24h 的试样从水中取出后，应先用干毛巾将颗粒表面的水分拭干，然后再将试样放在浅盘中称重。

325. 某检测人员对一组碎石样品进行筛分析试验前，将样品缩分至标准规定质量的两份试样后，对碎石筛分试验进行了平行试验。在石子筛分过程中，当每只筛上的筛余层厚度小于试样的最小粒径值时，应将该筛上的筛余试样分成两份，再次进行筛分。问题：上述做法是否正确？如果不正确，请写出正确做法。

此做法不正确。正确做法：对一组碎石样品进行筛分析试验前，应将样品缩分至标准规定质量后，再对碎石进行筛分试验。在碎石样品筛分过程中，当每只筛上的筛余层厚度大于试样的最大粒径值时，才需要将该筛上的筛余试样分成两份，再次进行筛分。

326. 某检测人员在对石子表观密度进行试验时，试验的各项称重应在 10~25℃ 的温度范围内进行。对结果进行计算时，应以两次试验结果的算术平均值作为测定值。当两次结果之差大于 $10kg/m^3$ 时，应重新取样进行试验。对颗粒材质不均匀的试样，若两次试验结果之差大于 $10kg/m^3$ 时，可取四次测定结果的算术平均值作为测定值。问题：上述说法是否正确？如果不正确，请写出正确做法。

此做法不正确。正确做法：石子表观密度试验中，试验的各项称重应在 15~25℃ 的温度范围内进行。对结果进行计算时，应以两次试验结果的算术平均值作为测定值。当两次结果之差大于 $20kg/m^3$ 时，应重新取样进行试验。对颗粒材质不均匀的试样，若两次试验结果之差大于 $20kg/m^3$ 时，可取四次测定结果的算术平均值作为测定值。

327. 某检测人员在做碎石筛分试验，计算分计筛余的百分率时精确至 1%；计算累计筛余百分率时精确至 1%，根据各筛两次试验累积筛余的平均值，测定该试样的颗粒级配。问题：上述做法是否正确？如果不正确，请写出正确做法。

此做法不正确。正确做法：做碎石筛分试验，计算分计筛余的百分率时精确至 0.1%；计算累计筛余百分率时精确至 1%，根据各筛的累积筛余，测定该试样的颗粒级配。

328. 某检测人员认为碎石的强度可用岩石的坚固性和压碎值指标表示。岩石的抗坚固性应比所配制的混凝土强度至少高 20%。问题：上述做法是否正确？如果不正确，请写出正确做法。

此做法不正确。正确做法：碎石的强度可用岩石的抗压强度和压碎值指标表示。岩石的抗压强度应比所配制的混凝土强度至少高 20%。

329. 石子的坚固性用硫酸溶液法检验，试样需经 10 次循环后，测定其质量损失百分率。问题：上述做法是否正确？如果不正确，请写出正确做法。

此做法不正确。正确做法：石子的坚固性用硫酸钠溶液法检验，试样需经 5 次循环后，测定其质量损失百分率。

330. 对于普通混凝土用碎石，在配制混凝土强度等级小于或等于 C40 时应进行岩石抗压强度检验。问题：上述做法是否正确？如果不正确，请写出正确做法。

此做法不正确。正确做法：对于普通混凝土用碎石，在配制混凝土强度等级大于或等于 C60 时应进行岩石抗压强度检验。

331. 某检测人员在做碎石的压碎值指标试验时，标准试验一律采用 10～16mm 的颗粒，并在烘干至恒重状态下试验。将缩分后的样品先筛除试样中 10mm 以下的及 16mm 以上的颗粒，再用针状规准仪剔除针状颗粒，然后称取每份 3kg 的试样 3 份备用。问题：上述做法是否正确？如果不正确，请写出正确做法。

此做法不正确。正确做法：在做碎石的压碎值指标试验时，标准试验一律采用 10～20mm 的颗粒，并在风干状态下进行试验。将缩分后的样品先筛除试样中公称粒径为 10mm 以下的及 20mm 以上的颗粒，再用针状和片状规准仪剔除针状和片状颗粒，然后称取每份 3kg 的试样 3 份备用。

332. 某检测人员在做碎石的堆积密度试验时，按规定称取试样 1 份，置于平整干净的地板（或铁板）上，用平头铁锨铲起试样装入容量筒内。装满后除去凸出筒口表面的颗粒，称取试样和容量筒总质量。问题：上述做法是否正确？如果不正确，请写出正确做法。

此做法不正确。正确做法：在做碎石的堆积密度试验时，按规定称取试样 1 份，置于平整干净的地板（或铁板）上，用平头铁锨铲起试样，使石子自由落入容量筒内。此时，从铁锨的齐口至容量筒上口的距离应保持 50mm 左右。装满后除去凸出筒口表面的颗粒，并以合适的颗粒填入凹陷部分，使表面稍凸起和凹陷部分的体积大致相等，称取试样和容量筒总质量。

333. 某检测人员认为评价砂石试验的试样已烘干至恒重的方法，就是指在相邻两次称量间隔时间不小于 1h 的情况下，前后两次称量之差小于 1g。问题：上述做法是否正确？如果不正确，请写出正确做法。

此做法不正确。正确做法：砂石试验中，评价某项试验的试样已烘干至恒重的方法，是指在相邻两次称量间隔时间不小于 3h 的情况下，前后两次称量之差小于该项试验所要求的称量精度。

2.3.4 外加剂基础知识与检验

334. 阻锈剂的应用有哪些注意事项？

（1）严格按照使用说明书的掺量使用。阻锈剂对引气剂有一定选择性，有的可能稍微降低含气量，可选择引气剂品种或适当调整掺量解决。某些阻锈剂有早强、促凝作用，并有坍落度损失方面的影响，必要时需采取缓凝措施。

（2）在混凝土中掺加钢筋阻锈剂的方法与通常的外加剂类同，可以干掺，也可以预先溶于拌和水中。不论采用哪种掺加方法，均应适当延长拌和时间，一般延长 1min。

（3）钢筋阻锈剂可部分取代减水剂，因此掺钢筋阻锈剂的同时应适量减水。可与其他外加剂复合使用，如复合使用时产生絮凝或沉淀等现象，应做适应性试验。应按照一般混凝土制作过程的要求严格施工，充分振捣，确保混凝土的质量及密实性。

（4）对一些重要的工程或需作重点防护的结构，可用5%～10%的钢筋阻锈剂溶液涂在钢筋表面，然后再用含钢筋阻锈剂的混凝土进行施工。当用于已有建筑物的修复时，首先要彻底清除酥松、损坏的混凝土，露出新鲜基面，在除锈或重新焊接的钢筋表面喷涂10%～20%的高浓度阻锈剂溶液，再用掺阻锈剂的密实混凝土进行修复。

（5）一些阻锈剂有毒性，使用时要注意对人体的防护，使用过程中不得用手触摸粉剂或溶剂，也不得用该溶液洗刷衣物、器具，工作人员饭前应洗手。有些阻锈剂（阳极型）多为氧化剂，储存运输过程中应避免混杂码放，严禁明火，远离易燃易爆物品，防止烈日直晒，并保持干燥，避免受潮吸湿。产品在储存期内若有轻微吸潮结块现象不影响使用性，使用前必须粉碎或溶于水中使用。

335. 引气剂的作用是什么？

在混凝土搅拌过程中能引入大量均匀分布、稳定而封闭的微小气泡，改善混凝土的和易性，提高混凝土的抗冻性和耐久性的外加剂，叫做混凝土引气剂。混凝土中掺入引气剂能够改善混凝土的耐久性和新拌混凝土的流变性能，调节混凝土凝结硬化性能和气体含量，为混凝土提供特殊性能，因而引气剂在工程实际中得到了广泛应用。所谓的"气泡"实际上是由液体薄膜包围着的气体，引气剂本身并不产生气泡，这些气泡是在混凝土拌和过程中引入的；所有引气剂的作用是通过富集在混凝土拌和过程中产生气泡的液膜中，起到降低表面张力、稳定生成气泡的作用。混凝土的引气过程包括气泡的产生、气泡的稳定、气泡的溶解三个阶段，三个阶段的最终结果将决定引气混凝土中气体的含量。

在混凝土拌和操作中，有两个过程会导致混凝土中引入空气。第一个过程是搅拌过程中的旋涡作用（Vortex Action），在任何液体的搅拌过程中都能够观察到旋涡作用。在混凝土搅拌的过程中，空气被吸入到旋涡中，通过漩涡的剪切作用被撕裂成更多微小的气泡并分散到混凝土浆体中。第二个过程与细骨料有关。在混凝土下落或跌落的过程中，细骨料像三维的筛网（Three-Dimensional Screen）一样吸入空气，并在其颗粒之间的孔隙网络中形成气泡。这一作用被认为是细骨料的引气作用。上述两个过程是混凝土在混合过程中的夹杂空气效应，无论是否有引气剂的存在，这一过程都会发生。即使是不加引气剂的混凝土，也会含有少量的空气，但是如果加入了引气剂，混凝土中会引入更多的空气，并且气泡的数量更多、尺寸更小。这一改变将会对新拌混凝土和硬化混凝土的性能产生显著影响。

引气剂是一种表面活性剂，表面活性剂由长链分子组成，一端是对水有很强吸引力的亲水基，另一端是对水没有吸引力的疏水基。基于亲水分子的性质，表面活性剂可分为阴离子、阳离子、非离子型和两性分子等类型。工程中应用的引气剂大部分属于阴离子型，如松香皂、十二烷基硫酸盐类、烷基磺酸盐、三萜皂甙、松香热聚物、JDU多功能引气剂等。

336. 什么是混凝土絮凝剂？

絮凝剂用于水下工程的不分散混凝土。它是一种长链高分子材料，有极好的水溶性，加入混凝土中可将水泥和骨料吸附在一起，从而提高混凝土的黏结性，在水中不分散。其掺量可根据现场水流速度掺 3.5%～6%。一般采用后掺法，即先掺减水剂再掺絮凝剂。

337. 高效减水剂进厂检验项目应包括哪些内容？

高效减水剂应按每 50t 为一检验批，每一检验批取样量不应少于 0.2t 胶凝材料所需用的外加剂量。高效减水剂进厂检验项目应包括 pH 值、密度（或细度）、含固量（或含水率）、减水率，缓凝型高效减水剂还应检验凝结时间差。高效减水剂进场时，初始或经时坍落度（或扩展度）应按进场检验批次采用工程实际使用的原材料和配合比与上批留样进行平行对比试验，其允许偏差应符合现行国家标准《混凝土质量控制标准》(GB 50164—2011) 的规定。

338. 在预拌混凝土生产过程中，需要对外加剂进行选择和应用，应如何确定外加剂的技术性能要求？

应先根据工程混凝土的结构类型、强度等级、施工方法和施工条件、耐久性及其他特殊要求来确定混凝土的性能要求，如强度、工作性及其保持时间、凝结时间等。根据混凝土的性能要求进一步确定外加剂的技术性能要求，如减水率、工作性保持、缓凝或早强等。搅拌站由于同时生产供应不同等级的混凝土，因此确定对外加剂技术性能要求时，还应考虑到满足日常生产的不同混凝土的性能要求。

339. 请简述外加剂在混凝土中的作用及其作用机理。

外加剂在混凝土中的作用是调节改善新拌混凝土的工作性和硬化混凝土性能。外加剂主要是通对胶凝材料的物理分散作用来实现减水和提高胶凝材料的分散均匀性，从而使混凝土拌和物具备良好的工作性。

340. 在选择外加剂的过程中主要针对混凝土的哪些要求？需要考虑哪些问题？

外加剂的选择需要针对具体混凝土的性能要求和组成材料进行选择。选用外加剂应从外加剂的技术性能、敏感性、质量稳定性、与胶凝材料的相容性、外加剂厂商的信誉度、技术支持能力及成本等方面来考虑。

341. 混凝土配合比具有敏感性或刚性，尤其是大坍落度或高流动性混凝土。为什么要降低混凝土配合比的敏感性？

在实际生产中，组成材料和配料都会有一定的正常波动，特别是砂石水分的波动，造成混凝土实际用水量在 5～10kg/m³ 的波动是很常见的。通过性能试验确定外加剂的掺量和混凝土的配比之后，有必要进行用水量敏感性试验，也就是说在确定的混凝土配合比和外加剂掺量的基础上加减 5～10kg/m³ 水，查看混凝土的工作性除坍落度或流动度有适当的变化之外，是否会发生其他如离析、泌水等现象。

342. 针对外加剂与胶凝材料的相容性问题，在筛选外加剂的过程中要注意哪些问题？

外加剂与胶凝材料的相容性问题需要在外加剂选用阶段解决，而且要考虑到胶凝材料的变化。一种外加剂应尽可能适用于搅拌站所用的不同胶材组合，大部分情况下适当调整外加剂掺量即可解决。如确实有不相容的情况，则需要确定其他外加剂配方或品种来解决。

343. 为了在应用中确保外加剂质量的稳定性,加强进场质量控制,需要注意哪些问题?

需在选定了外加剂之后,不要轻易改变外加剂配方,否则外加剂质量的稳定性便无法控制。应注意以下几点:

(1)需要确定外加剂的基准质量指标和质量检测方法。应把之前性能试验时由厂家提供并在最后通过性能试验、满足各项要求的样品作为外加剂基准样品。基准质量指标根据基准样品的技术性能和匀质性指标来确定,同时确定指标允许波动的范围。基准质量指标和允许波动范围就是外加剂质量控制的基准,以保证实际供货时的外加剂质量与试验时的样品质量一致。

(2)确定外加剂质量稳定性的基准质量指标其实不需要很多。在日常生产中,外加剂固含量和相对密度的检测足以控制外加剂的稳定性,而且固含量、相对密度的测定非常方便。必要时,可要求厂家提供外加剂基准样品的红外光谱图。只在外加剂成分有变化时才需进行,或一年中随机抽测一两次。

344. 简述减水率的定义及检验范围。

减水率是指混凝土的坍落度在基本相同的条件下,(掺用外加剂混凝土的用水量、不掺外加剂基准混凝土的用水量之差)与不掺外加剂基准混凝土用水量的比值。减水率检验仅在减水剂和引气剂中进行,它是区别高效型与普通型减水剂的主要功能技术指标之一。混凝土中掺用适量减水剂,在保持坍落度不变的情况下,可减少单位用水量5%～30%,从而增加了混凝土的密实度,提高了混凝土的强度和耐久性。

345. 什么是混凝土外加剂的临界掺量?

在一定的原材料、配比设计和环境条件下,掺加某种外加剂的数量,使混凝土或其拌和物的一种或多种性能达到最大效果,再掺加则效果不增加,甚至使某些性能变坏,这一掺量称为混凝土外加剂的临界掺量。

346. 请简述引气剂改善混凝土拌和物和易性的机理。

引气剂引入的大量微小封闭气泡如同滚珠一样,可以减小固体颗粒间的摩擦阻力,使混凝土拌和物流动性增加,这部分增大的流动性随时间损失很小。引入气泡增大了水泥净浆的体积,提高了拌和物的流动性能。经验表明,每引入1%的气泡,用水量可减少1%～2%,节约的用水又进一步提高了混凝土的流动性,或者可以减少混凝土的原始用水量,提高混凝土的强度。

同时引入的气泡表面可以吸附一定量的水,这些水均匀分布在大量气泡的表面,使能自由移动的水量减少,提高了混凝土拌和物的保水性和黏聚性。

347. 请简述引气剂降低混凝土抗压强度的原因及特征。

混凝土含气量增大使水泥浆体的空隙率增加,大量气泡的存在会减少混凝土的有效受力面积,使混凝土强度有所降低。试验表明,含气量在3%以下时,对混凝土的强度影响不大。当含气量大于3%时,混凝土的含气量每增加1%,其抗压强度一般要降低

3%～5%。但含气量过大，如超过7%时，有一部分气泡聚集在水泥浆体与骨料的界面，对混凝土的强度降低影响非常明显，混凝土的抗冻性甚至会有下降的趋势。

348. 请简述引气剂能够显著提高混凝土的抗渗性、抗冻性、抗盐冻剥蚀性能的原因。

大量均匀分布的封闭气泡有较大的弹性变形能力，对由水结冰所产生的膨胀应力有一定的缓冲作用。气泡起到了阻断水的渗透作用，减少了混凝土的渗水通道，提高了抗渗性能；大量细小气泡占据于混凝土的孔隙之中，阻断了混凝土内部的毛细孔渗水通道，因而混凝土的抗冻性能得到提高，有效降低了除冰盐对混凝土的剥蚀破坏。

349. 什么是混凝土养护剂？

混凝土墙柱拆模后不便于浇水养护，为保持湿养护，需在混凝土表面涂刷养护剂，在混凝土表面形成连续、不透水的封闭薄膜，阻止水分蒸发。一般要求养护剂保水率≥90%，成膜时间<3h。传统的混凝土养护方式主要有水养护、蒸汽养护、填埋养护及塑料薄膜覆盖等，该类养护方式损时、费力、耗能，养护质量难以控制，同时不能满足现代高层、大型建筑物及干旱缺水地区等建筑工程需求。因此，养护剂养护应运而生，养护剂养护分外养护和内养护，外养护是在混凝土施工后，在其表层喷洒或涂抹一层具有成膜性、渗透性的化学物质，该物质可在短时间内形成一层均匀连续的致密薄膜，从而抑制混凝土内部的水分蒸发，促使胶凝材料充分水化；而内养护是在混凝土制备过程中加入具有多孔介质或亲水基团的吸水性物质，该物质均匀分散于混凝土体系中起内部储水作用，当混凝土处于低水胶比或干燥环境时，该物质将储存的水进行释放，为胶凝材料完全水化提供足够动力。同传统养护相比，养护剂养护不仅具有省工、省时、节水的优点，而且适合高层建筑、机场道坪、公路及桥梁等工程，还能促使混凝土各性能更为全面地发展。

350. 混凝土脱模剂有哪些种类？

混凝土脱模剂用于减小混凝土与模板间的黏结力，保护混凝土脱模后不损坏，主要用于大模板施工、滑模施工、预制构件生产等。其主要品种有：

（1）乳机油。由动植物、机油加碱熬制、乳化而成，用于木模，但铝模使用效果不佳。

（2）矿物油类。多采用石油产品中黏度较低、流动性较好的机油、润滑油、废机油。但会污染混凝土表面，影响随后的装饰或导致混凝土表面粉化。

（3）水质脱模剂。用海藻酸钠、滑石粉、洗衣粉、水等制成。常用于涂刷钢模板，只能单次涂刷，不能多次使用，冬、雨季使用有困难。

（4）乳化油类。由乳化机油、水、脂肪酸、煤（汽）油、磷酸、氢氧化钠等配制而成的白色乳液。可用于木模、钢模，脱模效果好，但耐雨淋能力较差。

（5）蜡油类。将石蜡溶于汽油、柴油制成的脱模剂。成本不高，脱模效果好，但影响表面装饰，气温低时不易涂匀。

351. 混凝土脱模剂应用时有哪些注意事项？

（1）现场泵送工艺宜选油类、聚合物长效类脱模剂；滑模施工或离心制管宜选成膜且具有一定强度的聚合物脱模剂；长线台座构件宜选皂化油类或水质脱模剂；大型构件宜选脱模吸附力小的脱模剂；蒸养混凝土工艺宜选热稳定好的，如石蜡、滑石粉组分的工艺。

（2）涂抹厚度。在保证脱模效果的情况下越薄越好。木模吸收脱模剂多，用量 8～10 m^2/kg；钢模不吸收脱模剂，用量 10～20 m^2/kg。

（3）涂抹技巧。要注意不可涂到钢筋或其他金属埋件上；可用喷雾、海绵、宽毛刷拖把、抹布等根据不同的情况配合使用。

（4）及时清理模板。使用前应先清理模板，确保表面干净、没有油污。对于长期不用的模板来说，使用前要先除去防锈油。

（5）涂抹的脱模剂干燥成膜后方可使用模板。

352. 为什么不同品牌的水泥与外加剂的相容性会相差很多？

水泥熟料的矿物成分对其与外加剂适应性的影响很大，尤其是水泥中 C_3A 含量对其适应性的影响较大。对于预拌混凝土企业，较适宜的 C_3A 含量是 4%～7%，当 C_3A 含量达 9% 以上时，适应性明显下降。水泥调凝剂——石膏的形态对其相容性也有极大影响，特别是外加剂中含有木钙时，如果石膏又采用的是无水石膏、磷石膏等，会造成混凝土凝结硬化过快、流动性变差。

水泥中碱含量高时，混凝土需水量增加，与外加剂适应性变差；但碱含量过低时，与外加剂适应性也会下降。外加剂用量少时，混凝土坍落度损失加大，外加剂用量稍大，混凝土又会离析、泌水。

发现水泥和外加剂相容性差时，预拌混凝土生产企业要及时与水泥厂联系，并定期了解水泥矿物成分变化情况。

353. 怎样快速判定外加剂与水泥是否相容？

每批外加剂进厂都要抽样，先做外加剂的净浆流动度检验，观察减水率是否满足要求。同时需做混凝土配合比试验（可采用最常用的 C30 配合比），观察混凝土需水量、流动性、保塑性变化，发现问题及时查找原因，防止造成质量事故。随着混凝土生产技术的发展，大量外加剂的使用，使现代混凝土能够在较低的水胶比下生产，混凝土的强度不再单纯依赖水泥的强度，而适应现代混凝土发展趋势及适应高性能混凝土的性能要求才是当前水泥品质的核心。水泥作为混凝土中的主要胶材，其物理化学性能起着尤为重要的作用，然而在日益激烈的水泥市场竞争中，必须以"满足混凝土生产要求"为基础来占据水泥市场，所以改善水泥与混凝土外加剂的相容性成为企业发展的核心技术。对水泥与混凝土外加剂相容性差的原因进行研究探讨并针对企业实际生产工艺及控制提出相应优化措施，才能使水泥与外加剂的相容性得到明显改善。

354. 简述《混凝土外加剂匀质性试验方法》中含固量测定的操作过程。

（1）将洁净带盖称量瓶放入烘箱内，于 100～105℃ 烘 30min，取出置于干燥器内，冷却 30min 后称量，重复上述步骤直至恒量，其质量为 m_0。

（2）将被测液体试样装入已经恒量的称量瓶内，盖上瓶盖称出液体试样及称量瓶的总质量为 m_1。（液体试样称量：3.00～5.00g）

(3) 将盛有液体试样的称量瓶放入烘箱内,开启瓶盖,升温至 100~105℃ (特殊品种除外) 烘干,取出后盖上瓶盖置于干燥器内冷却 30min 后称量,重复上述步骤直至恒量,其质量为 m_2。

(4) 含固量＝(称量瓶加液体试样烘干后的质量 m_2－称量瓶的质量 m_0)/(称量瓶加液体试样的质量 m_1－称量瓶的质量 m_0)

355. 简述《混凝土外加剂匀质性试验方法》中密度检验(精密密度计法)的操作过程。

先以波美比重计测出溶液的密度,再参考波美比重计所测的数据,以精密密度计准确测出试样的密度 ρ 值。将已恒温的外加剂倒入 500mL 玻璃量筒内,以波美比重计插入溶液中,测出该溶液的密度。参考波美比重计所测溶液的数据,选择这一刻度范围的精密密度计插入溶液中,精确读出溶液凹液面与精密密度计相齐的刻度,即为该溶液的密度 ρ。

356. 简述《混凝土外加剂匀质性试验方法》中 pH 值测定试验的操作过程。

当仪器校正好后,先用水、再用测试溶液冲洗电极,然后再将电极浸入被测溶液中轻轻摇动试杯,使溶液均匀。待到酸度计的读数稳定 1min,记录读数。测量结束后,用水冲洗电极,以待下次测量,酸度计测出的结果即为溶液的 pH 值。

357. 简述外加剂的取样规则。

生产厂应根据产量和生产设备条件,将产品分批编号。掺量大于 1‰(含 1‰)同品种的外加剂,每一批号为 100t;掺量小于 1‰的外加剂,每一批号为 50t。不足 100t 或 50t 的也应按一个批量计,同一批号的产品必须混合均匀。每一批号取样量不少于 0.1t 水泥所需用的外加剂量。

358. 如何确保溶液中不再含有氯离子?

将溶液或试剂按规定洗涤沉淀数次后,用数滴水淋洗漏斗的下端,用数毫升水洗涤滤纸和沉淀,将滤液收集在试管中,加几滴硝酸银溶液(5g/L),观察试管中的溶液是否浑浊。如果浑浊,继续洗涤并检验,直至用硝酸银检验不再浑浊为止。

359. 简述《混凝土外加剂匀质性试验方法》中水泥胶砂减水率试验的操作过程。

(1) 基准水泥胶砂流动度用水量的测定

将水加入水泥胶砂搅拌器的锅里,再加入水泥 450g,将标准砂放在加砂口内,开动仪器自动搅拌。在拌和胶砂的同时,用湿布抹擦跳桌的玻璃台面,捣棒、截锥圆模及模套内壁,并把它们置于玻璃台面中心,盖上湿布,备用。将拌好的胶砂迅速地分两次装入模内,第一次装至截锥圆模的三分之二处,用小刀在相互垂直的两个方向各划 5 次,并用捣棒自边缘向中心均匀捣 15 次,接着装第二层胶砂,装至高出截锥圆模约 20mm,用小刀划 10 次,同样用捣棒捣 10 次,在装胶砂与捣实时,用手将截锥圆模按住,不要使其产生移动。捣好后取下模套,用小刀将高出截锥圆模的胶砂刮去并抹平,随即将截锥圆模垂直向上提起置于台上,立即开动跳桌,以每秒一次的频率使跳桌连续跳动 25 次[在(25±1)s 内完成]。跳动完毕,用卡尺量出胶砂底部最大扩散直径,取互相垂直的两个直径的平均值为该用水量时的胶砂流动度，用 mm 为单位，取整数。重复上述步骤，直至流动度达到（180±5）mm。当胶砂流动度为（180±5）mm 时的用水量即为基准胶砂流动度的用水量 M_0。

（2）掺外加剂的水泥胶砂流动度用水量的测定

将水和外加剂加入锅里搅拌均匀，按基准水泥胶砂流动度用水量的操作步骤测出掺外加剂的水泥胶砂流动度达（180±5）mm 时的用水量。

基准水泥胶砂流动度为（180±5）mm 时的用水量减去掺外加剂的水泥胶砂流动度为（180±5）mm 时的用水量的差值除以基准水泥胶砂流动度为（180±5）mm 时的用水量所得数即为水泥的胶砂减水率。

360. 简述混凝土减水剂泌水率测定的试验步骤。

先用湿布润湿容积为 5L 的带盖筒（内径为 185mm，高 200mm），将混凝土拌和物一次装入，在振动台上振动 20s，然后用抹刀轻轻抹平，加盖以防水分蒸发。试样表面应比筒口边低约 20mm。自抹面开始计算时间，在前 60min，每隔 10min 用吸液管吸出泌水一次，以后每隔 20min 吸水一次，直至连续三次无泌水为止。每次吸水前 5min，应将筒底一侧垫高约 20mm，使筒倾斜，以便于吸水。吸水后，将筒轻轻放平、盖好。将每次吸出的水都注入带塞量筒，最后计算出总的泌水量，根据公式计算泌水率。

361. 根据《混凝土外加剂》（GB 8076—2008），请简述外加剂试验方法中的混凝土搅拌要求。

采用符合《混凝土试验用搅拌机》（JG/T 244—2009）要求的公称容量为 60L 的单卧轴强制式搅拌机。搅拌机的拌和量应不小于 20L，且不大于 45L。外加剂为粉状时，将水泥、砂、石、外加剂一次投入搅拌机，干拌均匀，再加入拌和水，一起搅拌 2min。外加剂为液体时，将水泥、砂、石一次投入搅拌机，干拌均匀，再加入掺有外加剂的拌和水一起搅拌 2min。出料后，在铁板上用人工翻拌至均匀，再行试验。各种混凝土试验材料及环境温度均应保持在（20±3）℃。

2.3.5 矿物掺合料基础知识与检验

362. 简述粉煤灰的型式检验判定规则。

拌制混凝土和砂浆用粉煤灰型式检验项目符合《用于水泥和混凝土中的粉煤灰》（GB/T 1596—2017）中规定的技术要求时，判为型式检验合格。若其中任何一项不符合要求，允许在本批留样中取样进行复检，以复检结果判定。

水泥活性混合材料用粉煤灰型式检验项目符合 GB/T 1596—2017 中规定的技术要求时，判为型式检验合格。若其中任何一项不符合要求，允许在本批留样中取样进行复检，以复检结果判定。

363. 简述粉煤灰的检验报告要求。

粉煤灰的检验报告内容应包括出厂编号、出厂检验项目、分类、等级，当用户需要时，生产厂应在粉煤灰发出日起 7d 内寄发除强度活性指数以外的各项检验结果，32d

内补报强度活性指数检验结果。对粉煤灰质量有争议时，相关单位应将认可的样品签封，送省级或省级以上国家认可的质量监督检验机构进行仲裁检验。

364. 简述矿渣粉的检验报告要求。

矿渣粉的检验报告内容应包括批号、检验项目、石膏及助磨剂的品种和掺量、合同约定的其他技术要求，还应包括对比水泥物理性能检验结果。当用户需要时，生产厂应在矿渣粉发出之日起11d内寄发除28d活性指数以外的各项试验结果。28d活性指数应在矿渣粉发出之日起32d内补报。

365. 简述矿渣粉活性指数、流动度比和初凝时间比的测定方法。

（1）样品：

对比水泥：符合《通用硅酸盐水泥》（GB 175—2007）规定的强度等级为42.5的硅酸盐水泥或普通硅酸盐水泥，且3d抗压强度25～35MPa，7d抗压强度35～45MPa，28d抗压强度50～60MPa，比表面积350m²/kg～400m²/kg，SO_3含量（质量分数）2.3%～2.8%，碱含量（$Na_2O+0.658K_2O$）（质量分数）0.5%～0.9%。

试验样品：由对比水泥和矿渣粉按质量比1∶1组成。

（2）矿渣粉活性指数、流动度比试验步骤及结果计算

水泥胶砂配比：对比胶砂和试验胶砂配比见下表。

水泥胶砂种类	对比水泥（g）	矿渣粉（g）	中国ISO标准砂（g）	水（mL）
对比胶砂	450	—	1350	225
试验胶砂	225	225	1350	225

水泥胶砂搅拌程序：按《水泥胶砂强度试验方法》（GB/T 17671—2021）进行。

水泥胶砂流动度试验：按《水泥胶砂流动度测定方法》（GB/T 2419—2005）进行对比胶砂和试验胶砂的流动度试验。

水泥胶砂强度试验：按GB/T 17671—2021进行对比胶砂和试验胶砂的7d、28d水泥胶砂抗压强度试验。

（3）矿渣粉活性指数和流动度比计算

a. 矿渣粉7d活性指数按下式计算，计算结果保留至整数：

$$A_7=\frac{R_7\times100}{R_{07}}$$

式中：

A_7——矿渣粉7d活性指数，%；

R_{07}——对比胶砂7d抗压强度，单位为兆帕（MPa）；

R_7——试验胶砂7d抗压强度，单位为兆帕（MPa）。

矿渣粉28d活性指数按下式计算，计算结果保留至整数：

$$A_{28}=\frac{R_{28}\times100}{R_{028}}$$

式中：

A_{28}——矿渣粉28d活性指数，%；

R_{028}——对比胶砂 28d 抗压强度,单位为兆帕(MPa);
R_{28}——试验胶砂 28d 抗压强度,单位为兆帕(MPa)。
b. 矿渣粉流动度比按下式计算,计算结果保留至整数:

$$F=\frac{L\times100}{L_m}$$

式中:

F——矿渣粉流动度比,%;
L_m——对比胶砂流动度,单位为毫米(mm);
L——试验胶砂流动度,单位为毫米(mm)。

(4)矿渣粉初凝时间比试验步骤及结果计算

水泥净浆配比:对比净浆和试验净浆配比见下表。

水泥净浆种类	对比水泥(g)	矿渣粉(g)	水(mL)
对比净浆	500	—	标准稠度用水量
试验净浆	250	250	标准稠度用水量

水泥净浆初凝时间试验:按《水泥标准稠度用水量、凝结时间、安定性检验方法》(GB/T 1346—2011)进行对比净浆和试验净浆初凝时间的测定。

水泥净浆初凝时间比计算:按下式计算,计算结果保留至整数。

$$T=\frac{I\times100}{I_m}$$

式中:

T——矿渣粉初凝时间比,%;
I_m——对比净浆初凝时间,单位为分(min);
I——试验净浆初凝时间,单位为分(min)。

366. 简述粉煤灰安定性的测定方法。

按《水泥标准稠度用水量、凝结时间、安定性检验方法》(GB/T 1346—2011)进行。

目的及原理:雷氏法是通过测定水泥标准稠度净浆在雷氏夹中沸煮后试针的相对位移表征其体积膨胀的程度。

仪器设备:水泥净浆搅拌机、雷氏夹、标准养护箱、沸煮箱、雷氏夹膨胀测定仪。

试验样品:对比样品和被检验粉煤灰(C类)按7:3质量比混合而成。

安定性测定(标准法)

(1)试验前准备工作:每个试样需成型两个试件,每个雷氏夹需配备两个边长或直径约80mm、厚度4~5mm的玻璃板,凡与水泥净浆接触的玻璃板和雷氏夹内都要稍稍涂上一层油。(注:有些油会影响凝结时间、矿物油比较合适。)

(2)雷氏夹试件的成型:将预先准备好的雷氏夹放在已稍擦油的玻璃板上,并立即将已制好的标准稠度的净浆一次装满雷氏夹,装浆时一只手轻扶雷氏夹,另一只手用宽度约10mm的小刀在浆体表面轻轻插捣3次,然后抹平,盖上稍擦油的玻璃板,接着立即将试件移至湿气养护箱内养护(24±2)h。

（3）沸煮：调整好煮沸箱内水位，保证其在整个过程中都能超过试件，不需中途添补试验用水，同时又能保证在（30±5）min 内开始沸腾。

（4）脱去玻璃板取下试件，先测量雷氏夹指针尖端间的距离（A），精确到 0.5mm，接着将试件放入沸煮箱中的试件架上，指针朝上，然后在（30±5）min 内加热至沸，并恒沸（180±5）min。

（5）结果判别：沸煮结束后，立即放掉箱中的热水，打开箱盖，待箱体冷却至室温，取出试件进行判别。测定雷氏夹指针尖端的距离（C），精确到 0.5mm，当两个试件煮后指针尖端增加的距离（C-A）的平均值不大于 5.0mm 时，即认为该样品安定性合格。当两个试件煮后指针尖端增加的距离（C-A）的平均值大于 5.0mm 时，应用同一样品立即重做一次试验。以复检结果为准。如果再如此，则认为该样品安定性不合格。

367. 简述粉煤灰细度的测定方法。

（1）将测试用粉煤灰样品置于温度为 105～110℃ 烘干箱内烘至恒重，取出放在干燥器中冷却至室温。

（2）称取试样 10g，准确至 0.01g，倒入 45μm 方孔筛筛网上，将筛子置于筛座上，盖上筛盖。

（3）检查控制系统，调节负压至 4000～6000Pa 范围内，接通电源。

（4）开动筛析仪连续筛析 3min，在此期间如有试样附着在筛盖上，可轻轻敲击筛盖使试样落下。

（5）筛毕，观察筛余物，如出现颗粒成球、粘筛或有细颗粒沉积在筛框边缘，用毛刷将细颗粒刷开，再筛析 1～3min 直至筛分彻底为止。

（6）将筛网内的筛余物收集并称量，准确至 0.01g。

368. 怎样计算矿渣粉的 7d 和 28d 活性指数？

按《用于水泥、砂浆和混凝土中的粒化高炉矿渣粉》（GB/T 18046—2017）中的附录 A 进行。

（1）矿渣粉 7d 活性指数按下式计算，计算结果保留至整数：

$$A_7 = \frac{R_7}{R_{07}} \times 100\%$$

式中：

A_7——矿渣粉 7d 活性指数，单位为百分数（%）；

R_7——试验胶砂 7d 抗压强度，单位为兆帕（MPa）；

R_{07}——对比胶砂 7d 抗压强度，单位为兆帕（MPa）。

（2）矿渣粉 28d 活性指数按下式计算，计算结果保留至整数：

$$A_{28} = \frac{R_{28}}{R_{028}} \times 100\%$$

式中：

A_{28}——矿渣粉 28d 活性指数，单位为百分数（%）；

R_{28}——试验胶砂 28d 抗压强度，单位为兆帕（MPa）；

R_{028}——对比胶砂 28d 抗压强度,单位为兆帕(MPa)。

369. 怎样计算矿渣粉的流动度比?

按《用于水泥、砂浆和混凝土中的粒化高炉矿渣粉》(GB/T 18046—2017)中的附录 A 进行试验,分别测定对比胶砂和受检胶砂的流动度,矿渣粉的流动度比按下式计算,计算结果保留至整数。

$$F_t = \frac{L_t}{L_0} \times 100\%$$

式中:

F_t——受检胶砂流动度比,%;
L_t——受检胶砂流动度,单位为毫米(mm);
L_0——对比胶砂流动度,单位为毫米(mm)。

370. 粉煤灰的含水量如何测定?

原理:将粉煤灰放入规定温度的烘干箱内烘至恒量,以烘干前、烘干后的质量之差与烘干前的质量之比确定矿渣粉的含水量。

仪器:烘干箱(可控制温度不低于110℃,最小分度值不大于2℃)、天平(量程不小于50,最小分度值不大于0.01g)。

试验步骤:

(1) 将蒸发皿在烘干箱中烘干至恒量,放入干燥器中冷却至室温后称重(m_0)。
(2) 将约50g的粉煤灰样品倒入蒸发皿中称重(m_1),精确至0.01g。
(3) 将粉煤灰样品与蒸发皿一起放入 105~110℃烘干箱内烘至恒量,取出放在干燥器中冷却至室温后称重(m_2),精确至0.01g。
(4) 含水量结果按照下式计算,结果保留至0.1%:

$$W = \frac{(m_1 - m_2)}{(m_1 - m_0)} \times 100\%$$

式中:

W——含水量,%;
m_0——蒸发皿质量,单位为克(g);
m_1——烘干前蒸发皿和样品的质量,单位为克(g);
m_2——烘干后蒸发皿和样品的质量,单位为克(g)。

2.3.6 混凝土基础知识

371. 为什么要在混凝土施工过程中进行质量控制?

混凝土的质量是通过其性能体现的,在实际工程中由于原材料、施工条件等诸多复杂因素的影响,混凝土的质量会出现波动。浇筑和养护过程会直接影响混凝土的性能。

372. 在混凝土浇筑过程中,通常有哪些注意事项?

①应检查模板、钢筋、保护层、预埋管件等的尺寸、规格、数量和位置。②检查模板支撑的稳定性以及接缝的密合情况,保证混凝土不失稳、不跑模、不漏浆。③混凝土

浇筑前，应清除模板内以及垫层上的杂物，浇水润湿。④暑期施工时，混凝土拌和物入模温度应不高于35℃，宜选择晚间浇筑。⑤冬季施工时，混凝土拌和物入模温度应不低于5℃，并有保温措施。⑥当混凝土自由倾落高度大于2.5m时，应采用串筒、溜管等辅助设备。

373. 如何计算混凝土配合比中胶凝材料的用量？

混凝土配合比中胶凝材料的用量是指每立方米混凝土中水泥和活性矿物掺合料之和。

374. 对首次使用、使用间隔时间超过三个月或原材料发生变化的配合比应进行开盘鉴定，开盘鉴定应包括哪些内容？

开盘鉴定应包括：
(1) 生产使用的原材料应与配合比设计一致；
(2) 混凝土的拌和物性能应满足施工要求；
(3) 混凝土的强度满足评定要求；
(4) 混凝土的耐久性能满足设计要求。

375. 为了保证混凝土的质量，养护过程中有哪些要求？

(1) 生产和施工单位应根据结构、构件或制品情况、环境条件、原材料情况以及对混凝土性能的要求等，提出施工养护方案或生产养护制度，并严格执行。

(2) 混凝土施工可采用浇水、潮湿覆盖、喷涂养护剂、冬季蓄热养护等方法进行养护；混凝土构件或制品厂生产可采用蒸汽养护、湿热养护或潮湿自然养护等方法进行养护。

(3) 采用塑料薄膜覆盖养护时，应将混凝土全部表面覆盖严密，并保持膜内有凝结水；采用养护剂养护时，应通过试验检验养护剂的保湿效果。

376. 混凝土强度为什么会有波动？

在实际工程中由于原材料、施工条件以及试验条件等许多复杂因素的影响，混凝土的质量总会有波动。引起混凝土质量波动的因素有正常因素和异常因素两大类，正常因素是不可避免的微小变化的因素，如砂、石材料质量的微小变化，称量时的微小误差等。异常因素是不正常的变化因素，如原材料的称量错误等。

377. 在标准条件下养护一定时间的混凝土试件，能否真正代表同龄期的相应结构物中的混凝土强度？为什么？

不能。因为现场条件与标准养护室存在差异，混凝土水化速率不同，强度增长速度也不相同。

378. 混凝土各组成材料密度不同，沉降速度必然不同，因此要完全避免离析和泌水是不可能的，但要避免对混凝土质量有害的、过大的离析和泌水。请阐述泌水现象的预防措施。

(1) 改善骨料级配：改善骨料级配可以降低空隙率，提高混凝土的密实性；人工砂的石粉会改善泌水；砂率增大会改善泌水。要注意人工砂的石粉含量和砂率都有一个最佳的数值。

（2）选用优质掺合料：粉煤灰会改善混凝土的泌水，提高保水性。矿渣粉掺量过大时，混凝土泌水趋势增大，造成和易性变差。对于比较严重的泌水，掺加硅灰是较为有效的措施。

（3）适当增加水泥用量：一般情况下，水泥量的增加会改善混凝土的泌水现象。

（4）碱含量和C_3A含量高的水泥保水性较好，因而混凝土拌和物的泌水性较好，但混凝土坍落度损失会加大。

（5）复配外加剂改善泌水：外加剂是改善混凝土泌水的有效手段。可以通过复配引气剂、增稠剂等组分，改善混凝土的黏聚性，以减少泌水的可能。混凝土中掺入适量的引气剂或者外加剂中复配适量引气剂，可在混凝土中引入大量微小气泡，阻断水泌出表面的毛细孔通道，从而有效降低泌水。

379. 请阐述混凝土离析现象的产生原因及其危害。

离析为粗骨料颗粒从拌和物中分离出去，表现为石子外露、不挂浆，水从石子周围分离出来，呈现黄浆的现象。对于混凝土拌和物组成原料来说，当它们之间的黏聚力不够强的时候，不能完全控制粗骨料伴随的下沉现象及混凝土拌和物之间的分离，致使混凝土的内部结构不能一直保持均匀，这种情况下就会导致离析的产生。造成离析现象的原因有许多种，具体如下：①浇筑的方法不当；②原料的粒径没有控制好，最大直径超过最高标准；③粗骨料的比例没有配制在标准以内，含量过高；④胶凝材料和细骨料的结构比例没有达标，与标准相比，过小；⑤搅拌物的稠度不合适，过大或者过小；⑥细骨料的含量不合适，有时超过粗骨料；⑦采用的掺合料不合适，极易引起离析。离析相对于泌水、泌浆来说，对混凝土的危害更大。离析会严重影响混凝土的密实度，造成堵泵的情况，严重降低混凝土的强度。

380. 混凝土的离析通常以什么形式出现？

混凝土的离析一般有两种形式，一种是粗骨料从拌和物中分离，因为它们比细骨料更易于沿着斜面下滑或在模内下沉；另一种是稀水泥浆从混合料中淌出，这种情况主要发生在流动性较大的混合料中。

381. 离析会严重影响混凝土的密实度，严重降低混凝土的强度，请简述混凝土离析的预防措施。

改善混凝土泌水、泌浆的措施同样适用于预防混凝土离析。例如级配良好的骨料、优质的掺合料、增加水泥用量、复配外加剂等。混凝土拌和物的离析与泌水现象都与混凝土的黏聚性有关。当混凝土的黏聚性较差时，混凝土中各组分就会因相对密度不同而发生分离，因此要解决混凝土的离析和泌水现象，就必须先提高混凝土的黏聚性。如采取降低混凝土单方用水量、增加胶凝材料总量、增加砂率等措施。在解决实际问题时这些措施不宜简单、孤立地运用，而是应该根据实际情况综合运用，才能达到最佳效果。

382. 请简述预拌混凝土配合比的设计思路。

结合混凝土性能进行配合比设计：不同强度等级混凝土的性能，决定了配合比设计采取的路线和策略。例如C10～C15，C20～C45，C50～C60这三个系列的混凝土特性不同，需要分开进行设计。

(1) 结合搅拌站可用材料性能进行设计：搅拌站正在使用的原材料品种会直接影响混凝土配合比的设计思路。例如粉煤灰和外加剂的质量会影响原始用水量选择，砂的质量影响砂率的选择等。

(2) 结合搅拌站生产工艺进行配合比设计：搅拌机的生产能力、仓储情况、罐车的性能也同样会影响混凝土配合比设计思路。例如搅拌站砂石储仓多、存量大时，可以采用多级配设计思路。

(3) 结合工程部位特征进行设计：墙柱、顶板、大体积、地面等工程部位，对混凝土的要求不同，需要根据不同部位进行配合比设计。例如大体积混凝土宜采用高掺合料用量以减少水化热，地面保证较高的水泥用量和较小的坍落度以防止起砂，墙柱采取较高的强度保证率以确保验收时的回弹强度等。

(4) 结合不同工程进行配合比设计：对市政交通铁路、民建以及重点工程和耐久性有特殊要求的工程，应根据工程特点和不同的技术要求进行设计。

383. 试列举 5 条以上影响混凝土坍落度经时损失较快的因素。

(1) 混凝土初始坍落度越小，坍落度损失值越大。

(2) 混凝土静态损失值大于动态损失值约 20mm。

(3) 早强混凝土坍落度损失值大于普通混凝土。

(4) 加掺合料的混凝土坍落度损失值小于不加掺合料的混凝土。

(5) 加引气剂的混凝土坍落度损失值小于不加引气剂的混凝土。

(6) 萘系泵送剂配制的混凝土坍落度损失值大于氨基磺酸盐和聚羧酸高效减水剂配制的混凝土。（严禁不同外加剂混用）

(7) 环境及材料气温越高，坍落度损失越大。

(8) 骨料中含泥或石粉含量过高。

(9) 外加剂中掺加缓凝、速凝、保坍等成分。

(10) 水泥中存在硬石膏。

(11) 水泥细度。水泥颗粒越细，用其拌制混凝土需水量就越大，水化反应越剧烈，导致新拌混凝土的坍落度损失。

(12) 水泥熟料矿物成分含量。铝酸三钙（C_3A）含量升高，混凝土坍落度损失增大。

(13) 矿物掺合料。掺粉煤灰和矿渣后能够有效控制混凝土的坍落度的经时损失。

(14) 环境温度。环境温度越高，混凝土坍落度的损失越大。

(15) 地材。随着砂中含泥量的增加，混凝土坍落度值呈下降趋势。

(16) 水灰比。当水泥浆用量一定时，水灰比越大，水泥浆越稀，混凝土拌和物的黏聚性和保水性变差，易产生流浆和离析现象，混凝土的坍落度有减小的趋势。

(17) 砂率过大和过小时，导致包裹在骨料上的水泥浆厚度变薄，润滑作用减小，混凝土拌和物的坍落度降低。

384. 试列举 4 条以上混凝土刚搅拌出来和易性合格，运到工地却大量泌水的原因。

(1) 可能是砂率偏低，或砂含石率高、砂中 0.315mm 以下含量不足 15%。

(2) 外加剂中缓凝组分过多。
(3) 水泥含碱量过低、掺合料泌水率大（矿渣较粗时泌水）；或滞后放水。
(4) 高浓型萘系减水剂高掺量、氨基磺酸盐和聚羧酸高效减水剂配制的混凝土，大多数都有运输后坍落度增大的现象，如出厂坍落度已到极限，到施工现场可能会滞后泌水。（外加剂缓释）水泥中掺加矿渣过多。
(5) 采用易泌水的水泥，又在混凝土中掺加矿渣粉。

385. 简述普通混凝土配合比设计的基本原则。
(1) 满足设计要求的强度；(2) 满足施工要求的混凝土拌和物的和易性（工作性）；(3) 满足结构在环境中使用的耐久性；(4) 满足在技术要求允许的情况下，尽可能经济。

386. 简述粉煤灰在混凝土中应用的主要作用。
①可替代部分水泥，降低混凝土成本，节约能源；②提高混凝土的后期强度（扩大混凝土品种和强度等级范围）；③改善新拌混凝土的工作性（和易性、可泵性、耐久性）；④降低混凝土温升（降低水化热）；⑤抑制碱骨料反应；⑥提高混凝土的耐久性；⑦超叠加效应；⑧缓凝、润滑。

387. 简述混凝土二次抹压的作用。
①消除混凝土的表面缺陷、混凝土内部的泌水通道及早期的塑性裂缝；②提高混凝土表面的密实度；③破坏毛细管微泵，阻止混凝土内水分上升，减缓了混凝土内水分迁移蒸发的速度，防止混凝土开裂。

388. 依据《混凝土结构工程施工质量验收规范》（GB 50204—2015），结构实体混凝土回弹-取芯法强度检验合格的判定标准是什么？
对同一强度等级的混凝土，当符合下列规定时，结构实体混凝土强度可判为合格。①三个芯样的抗压强度算术平均值不小于设计要求的混凝土强度等级值的88%；②三个芯样的抗压强度最小值不小于设计要求的混凝土强度等级值的80%。

389. 影响混凝土抗冻性的因素有哪些？
影响混凝土抗冻性的因素有环境因素和材料因素。环境因素如环境温度、降温速度与暴露环境水的接触和水的渗透情况等；材料因素如骨料、水泥品种、可冻水的含量（水胶比）、水饱和的程度、材料的渗透性、气泡平均间距（冰水混合物流入卸压空气泡的距离）、强度、含气量（抵抗破坏的能力）等。

390. 极限饱水程度与混凝土抗冻性能有什么联系？
极限饱水程度混凝土受冻融破坏的程度与材料的含水量有很大关系，干燥的混凝土是不会被冻坏的。混凝土与水接触，首先在毛细孔内吸满水，然后在小气泡中吸水，大气泡的孔壁吸水，但总有一部分孔隙没有被水充满，即混凝土有一个极限饱水程度。当实际饱水程度达到或超过该极限饱水程度值，即使经少量几次冻融循环也将破坏。反之，如果混凝土在实际使用环境下含水量始终小于极限饱水程度值，则该混凝土是不会被冻坏的。混凝土浸水后，由于毛细孔张力的作用，首先在毛细孔中吸满水，达到一定的饱和程度,而空气泡中吸水是一个缓慢的过程,空气泡内总有一部分空间是不能靠吸水充满的。混凝土中气泡越多,越难所需极限饱水程度,或者说所需的时间越长,混凝土受冻融破坏的可能性越小,抗冻性越好。

2.4 二级/技师

2.4.1 水泥基础知识与检验

391. 水泥标准稠度试验室条件以及仪器设备有哪些要求?

在《水泥标准稠度用水量、凝结时间、安定性检验方法》(GB/T 1346—2011)中规定:

(1) 实验室温度:(20±2)℃,相对湿度不低于50%;水泥试样、拌和水、仪器和用具的温度应与实验室一致。养护箱温度(20±1)℃,相对湿度不低于90%。

(2) 水泥净浆搅拌机:叶片与锅边间隙(2±1)mm。

(3) 维卡仪:[包括(试杆法、试锥法)水泥标准稠度测定仪、初凝时间测定仪、终凝时间测定仪]测定滑动部分总质量为(300±1)g,且试杆滑动部分能自由下落,不得有紧涩和旷动现象。在需要更换配件时,必须保证更换后总质量符合标准要求(300±1)g。

(4) 水泥净浆标准稠度要求:标准法以试杆沉入净浆并距底板(6±1)mm为准,代用法以试锥锥体下沉深度(30±1)mm为准。检验时样品需提前放在试验室恒温养护。

在检验工作中,要严格按照检验标准要求对试验环境温湿度控制、养护箱温湿度控制,检验仪器设备计量检定并调试至符合检验标准要求。检验人员是否掌握规范统一的操作手法,能够准确检测标准稠度。调整控制好以上几点,是确保水泥标准稠度、凝结时间检验结果准确的基本前提。

392. 请简述水泥水化放热影响混凝土性能的原因和机理。

在混凝土的硬化过程中,混凝土中各种胶凝材料会发生化学反应,即水化反应。发生水化反应时,混凝土内部会产生大量的化学反应热量,使温度逐渐升高。工程实践表明,大体积混凝土水化热反应所引起的温度可达70℃以上,特别是高强度混凝土,随着水泥用量的增加,部分工程的混凝土结构温度在混凝土浇筑时可达100℃以上。在这种70℃以上、甚至100℃以上的温度场下,混凝土的结构内外会形成明显的温差。在前期水化反应过程中,内表混凝土共同发生水化热反应,达到一个平衡的温度场,但在表面硬化后,外表面混凝土的水化热反应将结束,温度不再增加、甚至会慢慢回落,此时,已硬化的混凝土由于受内部混凝土的约束,在表层混凝土温度下降时会产生拉应力,过大的拉应力将导致混凝土外表面产生早期裂纹;同时,内部混凝土继续发生水化热反应,混凝土继续膨胀,将加大表层混凝土的开裂风险,严重时可能导致施工事故。因此,水泥的水化热是影响大体积混凝土施工质量的重要因素,需掌握水化热的放热规律，预估大体积混凝土的温度场，指导大体积混凝土的结构施工。

393. 水泥标准稠度用水量测量（标准法）试验前必须做到哪些要求？

维卡仪的金属棒能自由滑动；试杆接触玻璃板时指针调整至对准零点。

394. 规定水泥的初凝时间和终凝时间各有什么作用？

初凝时间：满足水泥浆搅拌、浇注成型所需时间。

终凝时间：保证成型后尽快具有强度，促进施工进度。

395. 简述硅酸盐水泥的主要特点。

硅酸盐水泥的主要特点为：凝结时间短，水化时放热集中，快硬、早强，抗冻性好，耐磨能力强。水化热较大；适用范围：可广泛用于各种工业与民用建筑，在大体积混凝土和地下有环境水侵蚀的工程应慎重使用。

396. 简述普通硅酸盐水泥的应用范围。

各种工业与民用建筑工程，重要工程可选用高强度等级的普通水泥，一般工程可选用低中强度等级的普通水泥。在大体积混凝土和地下有环境水侵蚀的工程应慎重使用。

397. 验收检测水泥的主要控制项目有哪些？

凝结时间、安定性、胶砂强度，氧化镁、氯离子含量，低碱水泥还包括碱含量，中低热水泥还包括水化热。

398. 简述水泥细度对水泥性能的影响。

水泥细度会影响水泥的凝结硬化速度、强度、需水量、干缩性、水化热等。

水泥细度，顾名思义，指的就是水泥的粗细程度，是一个总体概念，其有三种表征方式——筛余、比表面积、颗粒分布（或颗粒级配）。但每种表征方式所代表的含义不同。由于筛网孔径的限制，筛余仅能提供某一粒径粗颗粒（如 $45\ \mu m$、$80\ \mu m$）的含量；比表面积给出的是单位质量水泥颗粒所具有的表面积，其主要反映了水泥中的细颗粒含量。因此，无论是筛余还是比表面积，都不能全面描述水泥的细度。所以，当描述水泥细度时，应明确是筛余还是比表面积，不能笼统地说水泥是粗还是细。同时，应注意水泥比表面积测定方法的适用范围，不适用于含有内孔的材料，如粉煤灰、火山灰质材料等。当用比表面积表征含有粉煤灰、火山灰质材料的水泥细度时，所得结果涵盖了内孔材料的内孔比表面积，导致结果虚高，从而产生误解。颗粒分布（级配）则能全面描述水泥颗粒的大小及其分布，其表征参数为特征粒径和均匀性系数。特征粒径越小，表明水泥越细；均匀性系数表征了颗粒分布的范围，均匀性系数越小，表明水泥颗粒分布越广。因此，成为当今研究水泥合理颗粒分布的主要方法。但由于其检测设备价格较高、操作繁琐、试验结果的重复性差等，很少应用于生产控制。水泥的颗粒组成指的是水泥熟料、石膏、混合材等材料颗粒在整个水泥粉体中的分布情况。如在混合粉磨条件下，由于各种物料的易磨性不同，熟料和矿渣多分布于粗颗粒区域，石膏和石灰石多分布于细颗粒区域。此现象的存在，既是混合材料复掺优化水泥性能的机理所在，也是具有同样颗粒分布的水泥性能不同的原因之一。

399. 简述矿渣硅酸盐水泥的主要特点。

需水性较小，凝结时间长、水化热低、早期强度低、后期增进率大、耐腐蚀性能好；适用范围：地下工程和大体积混凝土工程选用矿渣水泥效果好；可用于地面要求较高的工程和抹面应加强施工技术和养护；冬季施工应有保温措施。

400. 简述火山灰质硅酸盐水泥的主要特点。

需水量大、干缩性大、水化热低、耐腐蚀性好，相对早期强度较低，后期强度增进率大；适用范围：特别适用于地下工程，长期潮湿的环境和地下有腐蚀性的环境工程。需水量较大的火山灰质水泥在干燥环境中使用使砂浆和混凝土易发生干裂。在低温下使用火山灰质水泥需特别注意保温措施。

401. 请简述复合硅酸盐水泥的性能。

复合硅酸盐水泥的性能介于普通硅酸盐水泥与矿渣硅酸盐水泥、火山灰质硅酸盐水泥和粉煤灰硅酸盐水泥的性能之间，没有固定突出的性能。可广泛用于各种工业与民用建筑。

402. 请简述离子交换法测定水泥 SO_3 含量的步骤。

准确称取约 0.20 克试样，置于已放入 5 克树脂、一根磁力搅拌棒和 10 毫升热水的 150 毫升烧杯中，摇动烧杯试样分散。加入 40 毫升沸水，置于磁力搅拌器上，加热搅拌 10 分钟。取下，用快速滤纸过滤，将树脂转移至漏斗上，并用热水洗涤烧杯及树脂 4～5 次。滤液收集于盛有 2 克树脂及有一根搅拌棒的 150 毫升烧杯中，置于磁力搅拌器上，加热搅拌 3 分钟，取下，将树脂转移至漏斗上，并用热水洗涤烧杯及树脂 5～6 次。滤液收集于 300 毫升烧杯中，保存树脂，以备再生。向溶液中加入 1～2 滴甲基红指示剂溶液，用氢氧化钠标准溶液滴定至粉红色消失，读数，计算结果。（若指示剂为 5～6 滴酚酞，滴定终点为出现微红色）

403. 一组水泥试件的 28 天抗压强度分别为 45.6MPa、46.3MPa、46.1MPa、44.2MPa、47.8MPa、48.4MPa，求该组试件的 28 天抗压强度。

先求平均值：（45.6＋46.3＋46.1＋44.2＋47.8＋48.4）/6＝46.4MPa

求最大值和最小值与平均值的差值是否超过±10%

（44.2－46.4）/46.4×100%＝－4.7%

（48.4－46.4）/46.4×100%＝4.3%

该组试件的 28 天抗压强度为 46.4MPa。

404. 何为强度？通常以什么来表示水泥的强度增长速率？何为早期强度和后期强度？强度等级按什么标准来划分？

强度指水泥胶砂试体在单位面积上所能承受的外力。强度是技术要求中最关键的性能指标，又是设计混凝土配合比的重要依据。由于水泥在拌水后硬化过程中强度是逐渐增大的，通常以各龄期的抗压强度、抗折强度或强度等级来表示水泥的强度增长速率。一般称 3d 或 7d 以前的强度为早期强度，28d 及其以后的强度称为后期强度，也有的说法将 3 个月以后的强度称为后期强度。由于水泥到 28d 时强度大部分都已发挥出来，以后强度增速相当缓慢，所以通常用 28d 的强度作为水泥质量的分级来划分水泥的强度等级。强度等级是按规定龄期的抗压强度、抗折强度来划分的。

405. 现有甲组水泥抗压强度破坏荷载分别为 93.6、94.0、97.5、96.5、96.6、94.5 (kN)，求其抗压强度值。

六个试块的单块抗压强度值分别为：

$$X_1=93.6/1.6=58.5\text{MPa}$$
$$X_2=94.0/1.6=58.8\text{MPa}$$
$$X_3=97.5/1.6=60.9\text{MPa}$$
$$X_4=96.5/1.6=60.3\text{MPa}$$
$$X_5=96.6/1.6=60.4\text{MPa}$$
$$X_6=94.5/1.6=59.1\text{MPa}$$

平均值 $X=(58.5+58.8+60.9+60.3+60.4+59.1)/6=59.7\text{MPa}$

∵所得单块值结果在（$59.7\times0.9=53.7\text{MPa}$）～（$59.7\times1.1=65.7\text{MPa}$）范围内，

∴其抗压强度值为 59.7MPa。

406. 现有乙组水泥抗压强度破坏荷载为 64.5、64.7、67.3、67.5、66.0、56.7 (kN)，求其抗压强度值。

六个试块的单块抗压强度值分别为：

$$X_1=64.5/1.6=40.3\text{MPa}$$
$$X_2=64.7/1.6=40.4\text{MPa}$$
$$X_3=67.3/1.6=42.1\text{MPa}$$
$$X_4=67.5/1.6=42.2\text{MPa}$$
$$X_5=66.0/1.6=41.2\text{MPa}$$
$$X_6=56.7/1.6=35.4\text{MPa}$$

六个单块的平均值 $\overline{X}=(40.3+40.4+42.1+42.2+41.2+35.4)/6=40.3\text{MPa}$

因为第六块的抗压强度值为 35.4MPa，不在（$40.3\times0.9=36.3\text{MPa}$）～（$40.3\times1.1=44.3\text{MPa}$）范围内，

所以必须剔除 35.4MPa 的数据，取剩下 5 个数值的平均值，

最终平均值 $\overline{X}=(40.3+40.4+42.1+42.2+41.2)/5=41.2\text{MPa}$，

其抗压强度值为 41.2MPa。

407. 现有一组水泥抗折强度数据分别为 5.7、4.7、4.8 (MPa)，求其抗折强度值。

三个单块的平均值 $\overline{X}=(5.7+4.7+4.8)/3=5.1\text{MPa}$，因值 5.7 不在（$5.1\pm0.51$）范围内，应剔除。所以抗折强度值 $X=(4.7+4.8)/2=4.8\text{MPa}$。

408. 某水泥样品用代用法中的不变水量法试验标准稠度时，测得试锥下沉深度为 S=40mm。求其标准稠度用水量 P% 是多少？实际用水量（mL）是多少？

∵ $P=33.4-0.185S$

∴ $P=33.4-0.185\times40=26.0\%$

实际用水量 $500\times P=130.0\text{mL}$

409. 某水泥样品用雷氏法测定安定性沸煮前测定值 $A_1=11.0$mm，$A_2=10.5$mm，沸煮后测定值为 $C_1=18.0$mm，$C_2=13.0$mm，计算并得出结论。

$(C_1-A_1)=18.0-11.0=7.0$mm

$(C_2-A_2)=13.0-10.5=2.5$mm

平均值＝$[(C_1-A_1)+(C_2-A_2)]/2=(7.0+2.5)/2=4.8$mm

差值＝$7.0-2.5=4.5$mm

∵差值超过 4.0mm

∴应用同一样品立即重做一次试验。

410. 某水泥样品用负压筛法筛析，取样量为 25.00g，筛余物的质量为 1.40g，所用试验筛的修正系数为 1.05，求该水泥的细度。

F＝(Rs/H)·100＝(1.40/25.00)×100％＝5.6％

Fc＝F·C＝5.6％×1.05＝5.88％

411. 对一 80μm 水筛进行标定，已知细度标准样品的标准值为 5.0％，称取两个标准样连续进行试验，筛余分别 1.30g 和 1.32g，求该 80μm 水筛的修正系数，并判定该筛是否可以继续使用。

$F_{t_1}=(1.30/25.00)\times100\%=5.2\%$

$F_{t_2}=(1.32/25.00)\times100\%=5.3\%$

因为 F_{t_1} 和 F_{t_2} 的差为 0.1％，小于 0.3％，所以 $F_t=(F_{t_1}+F_{t_2})/2=(5.2\%+5.3\%)/2=5.257\%$

$C=F_s/F_t=5.0\%/5.2\%=0.96$

由于 C 值在 0.80～1.20 范围之内，故该筛可以继续使用。

2.4.2 砂基础知识与检验

412. 机制砂的颗粒级配划分为Ⅰ区、Ⅱ区、Ⅲ区三个区间，如何判定机制砂的颗粒级配属于哪个区间？

根据公称粒径 0.6mm 方筛孔累计筛余量百分比，看该百分比值落于哪个区间，该机制砂的颗粒级配就属于哪个区间。也就是说以 0.6mm 的公称粒径作为区间控制粒级。

413. 什么是机制砂片状颗粒？

机制砂片状颗粒：粒径 1.18mm 以上的机制砂颗粒中最小一维尺寸小于该颗粒所属粒级的平均粒径 0.45 倍的颗粒。

414. 什么是机制砂石粉？不同强度等级的混凝土对石粉含量有什么要求？

机制砂石粉是指机制砂中粒径小于 75μm 的成分与被加工母岩相同的颗粒。一般当 MB 值＜1.4 时：≤C25 普通混凝土要求石粉含量小于 10％，C30～C55 的普通混凝土要求石粉含量≤7.0％，高强混凝土要求小于 5％。

415. 机制砂石粉对混凝土的性能有哪些影响？

机制砂为粒径小于 4.75mm 的岩石颗粒，与天然砂的主要区别在于其生产过程中会附带产生部分石粉。石粉质量分数与混凝土的工作性、力学性能以及长期性能均存在较强的相关性，而且石粉中还常掺杂少量泥粉，易对混凝土的各项性能产生影响，因此国内有关机制砂的标准规范都对石粉的质量分数作出了严格限定。由于工程技术人员普遍认为石粉在混凝土中的作用弊大于利，实际操作中也严禁机制砂混凝土在道路、桥梁及水坝等长期易受外界因素影响的工程中应用。这些问题较大限制了机制砂产品的推广。石粉的质量分数是机制砂特有的技术指标，目前针对石粉在混凝土中的应用研究已有一些成果。随着机制砂石粉质量分数的提高，混凝土的坍落度减小，坍落度经时损失增大，在适量石粉范围内，混凝土的强度变化不大；石粉的存在有利于完善机制砂的级配、增强混凝土的密实性，进而改善混凝土的力学性能和耐久性；适量石粉使得水泥石的结构和界面间结合得更加致密，减少了硬化混凝土内渗水通道的数量，可有效提高混凝土的密实性；通过试验发现，适量石粉可以改善混凝土的抗冻性，母岩类型对混凝土的性能没有明显影响；表明机制砂 0.075mm 以下颗粒中石粉质量分数较高，其危害性有限，而泥粉质量分数虽然较低，但危害性较大。

416. 国外机制砂标准对石粉含量有什么要求？

国外标准对机制砂石粉含量及粒径的界定均存在差异，石粉粒径界定方面：美国、日本、澳大利亚等国石粉界定粒径为 0.075mm；英国、法国等国则为 0.063mm。石粉含量方面：美国标准规定石粉含量最高限值为 5%～7%；日本则为 7%；澳大利亚则为 25%；英国则为 15%；法国则为 12%～18%。存在差异是因为考虑的角度不同造成的。

417. 机制砂干法生产工艺的主要优点是什么？

干法生产工艺的主要优点是：生产出来的机制砂水分含量低，一般低于 2%，商混和干混砂浆可以直接使用；成品砂中石粉含量可调可控，集中回收能够综合利用，减少粉尘排放；生产过程中极少用水或不用水，节约水资源，保护环境；易于集中操作控制，实现自动化管理。不受干旱、寒冷季节的影响，能够全年连续生产。

418. 为什么湿法生产工艺较少使用？

湿法工艺较少使用的主要原因是：消耗大量水，1t 砂石料需耗水 2～3.5m³；产品砂水含量高，需脱水，干混用需重新烘干；产品砂细度模数偏粗，砂子产量低；产生大量的泥粉污水，污染环境，且石粉不易回收；基建投资及设备种类多，机制砂生产成本高；在干旱少雨地区或结冰季节不能正常生产。

419. 在机制砂干法生产工艺中，为什么要对成品砂进行加湿拌和处理？

对成品机制砂加湿拌和处理，能够使机制砂含水率达到饱和面干状态，有利于后续混凝土拌和用水量的控制，同时能够减少运输过程中的离析和扬尘。

420. 机制砂的颗粒级配指标非常关键，可以通过哪些方式调整级配？

机制砂的颗粒级配可以通过调整进料级配、进料量、破碎机转速、筛网尺寸等来实现。

421. 哪些因素会影响机制砂的粒形？

影响机制砂粒形的因素有：料源岩石岩性，如发育节理等不利于获得较好粒形；破碎设备类型，冲击式破碎机成形效果较好；筛网类型，如方孔筛对粒形控制较好。

422. 机制砂的哪些因素会对混凝土的和易性产生影响？

机制砂的颗粒粒形、颗粒级配与粗细程度、亚甲蓝值会对混凝土的和易性产生主要影响。

机制砂是由岩石经过机械破碎、筛分形成的粒径小于 4.75mm 的岩石颗粒。相比天然河砂，机制砂掺入混凝土后会导致混凝土的黏聚性和保水性下降，和易性变差，降低了混凝土的可泵性及施工质量。当前，国内外对于机制砂混凝土的研究主要集中在：机制砂的级配和破碎方式、石粉等对混凝土的施工性能、强度耐久性能的影响等方面。细骨料的级配表示其在不同粒径上的分布情况，各个国家在筛分上评定级配的标准给出的是一个较大的范围。现实中时常出现满足级配区要求的机制砂用于制备混凝土的质量还是很差。很多机制砂生产单位也只是简单通过细度模数来评定机制砂质量的优劣，这也会导致生产出的机制砂应用于混凝土制备时和易性不好。这说明对机制砂的质量控制不能简单地等同于天然砂来对待。虽然大体满足要求，但是粒级分布不均匀、某些粒级比例过大、某些粒级缺失，还是会导致新拌混凝土和易性不良。由于和易性的优劣评价是基于混凝土实际用途和施工工艺的，单独探讨混凝土的和易性意义不大，但是坍落度法可以侧面反映混凝土的流动性、黏聚性和保水性。坍落度值的大小是评定流动性大小的标准，根据坍落度值可将混凝土划分为四个流动性级别。而黏聚性测定方法是观察混凝土锥体的坍落形态，混凝土的坍落形态常呈现三种形态，分别是正常型、剪切型和坍塌型。若锥体四周逐渐下沉，坍落后混凝土各方向分布均匀，这种坍落形态为正常型，说明混凝土的黏聚性较好；坍塌过程越慢，说明黏聚性越好。值得注意的是正常坍落状态测出的坍落度值才能真实反映混凝土的流动性，才是真实的坍落度值。如所发生的不是均衡坍落，而是圆锥形混凝土坍落成一个斜面，即发生了剪切坍落的话，则此试验应重做。如果一再发生剪切坍落，就表明该拌和物黏聚性不足，这时的坍落度值是不准确的。当出现混凝土锥体在提起坍落度桶后崩塌，这表明混凝土拌和物的黏聚性极差。混凝土的保水性常采用观察法：根据新拌混凝土中浆体析出的程度来评定。若混凝土锥体坍落片刻后，混凝土拌和物有较多的浆体从坍落体底部流出，坍落体顶部出现大颗粒骨料堆积，则表明此混凝土拌和物的保水性较差；若混凝土锥形体坍落片刻后，混凝土拌和物无浆体或仅有少量的浆体从底部析出，则表明新拌混凝土的保水性良好。

423. 简述测定机制砂和混合砂中石粉含量的试验步骤。

（1）将样品缩分至 400g，放在烘箱中于（105±5）℃下烘干至恒重，待冷却至室温后，筛除公称直径大于 2.36mm 的颗粒后备用。

（2）称取样品 200g，精确至 1g。将试样倒入盛有（500±5）mL 蒸馏水的烧杯中，用叶轮搅拌器以（600±60）r/min 转速搅拌 5min，形成悬浮液，然后以（400±40）r/min 转速持续搅拌，直至试验结束。

（3）悬浮液中加入 5mL 亚甲蓝溶液，以（400±40）r/min 转速搅拌至少 1min 后，用玻璃棒蘸取一滴悬浮液，滴于滤纸（置于空烧杯或其他合适的支撑物上，以使滤纸表面不与任何固体或者液体接触）上。若沉淀物周围未出现色晕，再加入 5mL 亚甲蓝溶液。继续搅拌 1min，再用玻璃棒蘸取一滴悬浮液，滴于滤纸上，若沉淀物周围仍未出现色晕，则重复上述步骤，直至沉淀物周围出现约 1mm 宽的稳定浅蓝色色晕。此时，应继续搅拌，不加亚甲蓝溶液，每 1min 进行一次蘸染试验。若色晕在 4min 内消失，再加入 5mL 亚甲蓝溶液；若色晕在第 5min 消失，再加入 2mL 亚甲蓝溶液。两种情况下，均应继续进行搅拌和蘸染试验，直至色晕可持续 5min。

（4）记录色晕持续 5min 时所加入的亚甲蓝溶液总体积，精确至 1mL。

424. 简述测定机制砂压碎指标值的试验步骤。

（1）将缩分后的样品置于（105±5）℃烘箱内烘干至恒重，待冷却至室温后，筛分成 4.75～2.36mm、2.36～1.18mm、1.18～0.6mm、0.6～0.3mm 四个粒级，每粒级试样质量不得少于 1000g。

（2）将圆筒与底盘组成受压模，将一单级砂样约 300g 装入模内，使试样距底盘约为 50mm。

（3）平整试模内试样的表面，将加压块放入圆筒内，并转动一周使之与试样均匀接触。

（4）将装好试样的受压钢模置于压力机的支承板上，对准压板中心后，开动机器，以 500N/s 的速度加荷，加荷至 25kN 时持荷 5s，而后以同样速度卸荷。

（5）取下受压模，移去加压块，倒出压过的试样并称其质量（m_0），然后用该粒级的下限筛（如砂样为公称粒径 4.75～2.36mm 时，其下限筛为筛孔公称直径 2.36mm 的方孔筛，进行筛分，称出该粒级试样的筛余量（m_1）。

（6）机制砂的压碎指标按下述方法计算。

第 i 单级砂样的压碎指标按下式计算

$$\delta_i = \frac{m_0 - m_1}{m_0} \times 100\%$$

式中　δ_i——第 i 单级砂样的压碎指标（%）；

　　　m_0——第 i 单级试样的质量（g）；

　　　m_1——第 i 单级试样的压碎试验后筛余的试样质量（g）。

四级砂样总的压碎指标按下式计算

$$\delta_s = \frac{\alpha_1\delta_1 + \alpha_2\delta_2 + \alpha_3\delta_3 + \alpha_4\delta_4}{\alpha_1 + \alpha_2 + \alpha_3 + \alpha_4} \times 100\%$$

式中　　　　δ_s——总的压碎指标（%），精确至 0.1%；

α_1、α_2、α_3、α_4——公称直径分别为 2.36mm、1.18mm、0.6mm、0.3mm 各孔筛的分计筛余（%）；

δ_1、δ_2、δ_3、δ_4——公称粒级分别为 4.75～2.36mm、2.36～1.18mm、1.18～0.6mm、0.6～0.3mm 单级试样压碎指标（%）。

（7）结果确定：以三份砂样试验结果的算术平均值作为各单粒级试样的测定值。

425. 机制砂经常需要取样检测，如何对机制砂进行取样？

机制砂检测取样的一般方法为：在料堆上取样时，取样部位应均匀分布。取样前先将取样部位表面铲除，然后从不同部位抽取大致等量的砂 8 份，组成一组样品。从皮带运输机上取样时，应用接料器在皮带运输机机尾的出料处定时抽取大致等量的砂 4 份，组成一组样品。从火车、汽车、货船上取样时，应从不同部位和深度抽取大致等量的砂 8 份，组成一组样品。

426. 简述机制砂的试验环境和试验用筛要求。

机制砂的试验环境要求实验室的温度应保持在（20±5）℃，试验用筛应满足 GB/T 6003.1 和 GB/T 6003.2 中方孔试验筛的规定，筛孔大于 4.00mm 的试验筛应采用穿孔板试验筛。

427. 在机制砂的检测中，常用检测仪器有哪些？

机制砂试验的基本仪器是标准方孔筛、摇筛机、鼓风干燥箱、石粉含量测定仪、压碎值指标测试仪、电子天平、饱和面干试模、容量瓶、压力机等。

428. 砂的筛分析试验应采用哪些仪器设备？并注明其各项技术指标。

(1) 试验筛——公称直径分别为 10.0mm、5.00mm、2.50mm、1.25mm、630μm、315μm、160μm 的方孔筛各一只，筛的底盘和盖各一只，筛框直径为 300mm；

(2) 天平——称量 1000g，感量 1g；

(3) 摇筛机；

(4) 烘箱——温度控制范围为（105±5）℃；

(5) 浅盘、硬、软毛刷等。

429. 普通混凝土用砂的含泥量试验（标准法）需要有哪些仪器设备？并注明其各项技术指标。

含泥量试验（标准法）所用仪器设备如下：

(1) 天平——称量 1000g，感量 1g；

(2) 烘箱——温度控制范围为（105±5）℃；

(3) 试验筛——筛孔公称直径为 80μm 及 1.25mm 的方孔筛各一个；

(4) 洗砂用的容器及烘干用的浅盘等。

430. 普通混凝土用砂中泥块含量试验需要有哪些仪器设备？并注明其各项技术指标。

砂中的泥块含量试验所用仪器设备如下：

(1) 天平——称量 1000g，感量 1g；称量 5000g，感量 5g；

(2) 烘箱——温度控制范围为（105±5）℃；

(3) 试验筛——筛孔公称直径为 630μm 及 1.25mm 的方孔筛各一个；

(4) 洗砂用的容器及烘干用的浅盘等。

2.4.3 碎石基础知识与检验

431. 最大粒径为 25mm 的碎石或卵石的含泥量试验所需试样最少为多少？

最大粒径为 25mm 的碎石或卵石的含泥量试验所需试样最少为 24kg。

432. 最大粒径为 25mm 的碎石或卵石的表观密度试验所需试样最少为多少？

最大粒径为 25mm 碎石或卵石的表观密度试验所需试样最少为 8kg。

433. 什么是骨料的坚固性？

骨料的坚固性是指骨料在气候、环境变化或其他物理因素作用下抵抗破裂的能力。

434. 简述碎石或卵石的筛分析试验中试样制备规定。

试验前，应将样品缩分至标准规定的试样最小质量，并烘干或风干后备用。

435. 简述碎石或卵石的中含泥量试验试样制备规定。

将样品缩分至标准规定的量（注意防止细粉丢失），并置于温度为（105±5）℃烘箱内烘干至恒重，冷却至室温后分成两份备用。

436. 请简述碎石或卵石的表观密度试验（简易法）测试要点。

（1）试验前，筛除样品中公称粒径为 5.00mm 以下的颗粒。洗刷干净后，分成两份备用。

（2）将试样浸水饱和，然后装入广口瓶中。装试样时，广口瓶应倾斜放置，注入饮用水，用玻璃片覆盖瓶口，以上下左右摇晃的方法排除气泡；气泡排尽后，向瓶中添加饮用水直至水面凸出瓶口边缘。然后用玻璃片沿瓶口迅速滑行，使其紧贴瓶口水面。擦干瓶外水分后，称取试样、水、瓶和玻璃片总质量。

（3）将瓶中的试样倒入浅盘中，放在（105±5）℃的烘箱中烘干至恒重；取出，放在带盖的容器中冷却至室温后，称取质量。

（4）将瓶洗净，重新注入饮用水，用玻璃片紧贴瓶口水面，擦干瓶外水分后称取质量。

（注：试验时各项称重可以在 15～25℃ 的温度范围内进行，但从试样加水静置的最后 2h 起直至试验结束，其温度相差不应超过 2℃。）

计算方法同标准法

437. 请简述碎石或卵石含水率的试验步骤。

碎石或卵石的含水率试验应按下列步骤进行：称取试样，分成两份备用；将试样置于干净的容器中，称取试样和容器的总质量，并在（105±5）℃的烘箱中烘干至恒重；取出试样，冷却后称试样与容器的总质量，并称取容器的质量。

以两次试验结果的算术平均值为测量值。

438. 请简述碎石或卵石吸水率的试验操作要点。

（1）试验前，筛除样品中公称粒径 5.00mm 以下的颗粒，然后缩分成两份，用金属丝刷刷净后备用。

（2）取试样一份置于盛水的容器中，使水面高出试样表面 5mm 左右，24h 后从水中取出试样，并用干毛巾将颗粒表面的水分拭干，即成为饱和面干试样。然后，立即将试样放在浅盘中称取质量，在整个试验过程中，水温必须保持在（20±5）℃。

（3）将饱和面干试样连同浅盘置于（105±5）℃的烘箱中烘干至恒重。然后取出，放入带盖的容器中冷却 0.5～1h，称取烘干试样与浅盘的总质量，称取浅盘的质量。

（4）以两次试验结果的算术平均值为测量值。

439. 请简述碎石或卵石堆积密度和紧密密度的试验操作要点。

堆积密度：取试样一份，置于平整干净的地板（或铁板）上，用平头铁锹铲起试样，使石子自由落入容量筒内。此时，从铁锹的齐口至容量筒上口的距离应保持为 50mm 左右。装满容量筒除去凸出筒口表面的颗粒，并以合适的颗粒填入凹陷部分，使表面稍凸起部分和凹陷部分的体积大致相等，称取试样和容量筒总质量。

紧密密度：取试样一份，分三层装入容量筒。装完一层后，在筒底垫放一根直径为 25mm 的钢筋，将筒按住并左右交替颠击地面各 25 下，然后装入第二层。第二层装满后，用同样方法颠实（但筒底所垫钢筋的方向应与第一层放置方向垂直），然后再装入第三层，用同样方法颠实。待三层试样装填完毕后，加料直到试样超出容量筒筒口，用钢筋沿筒口边缘滚转，刮下高出筒口表面的颗粒，用合适的颗粒填平凹处，使表面凹凸部分的体积大致相等。称取试样和容量筒总质量。

440. 简述碎石或卵石中的含泥量试验步骤。

碎石或卵石的含泥量试验应按下列步骤进行：

（1）称取试样一份装入容器中摊平，并注入饮用水，使水面高出石子表面 150mm；浸泡 2h 后，用手在水中淘洗颗粒，使尘屑、淤泥和黏土与较粗颗粒分离，并使之悬浮或溶解于水。缓缓地将浑浊液倒入公称直径为 1.25mm 及 80μm 的方孔套筛（1.25mm 筛放置上面）上，滤去小于 80μm 的颗粒。试验前筛子的两面应先用水湿润。在整个试验过程中应注意避免砂粒丢失。

（2）再次加水于容器中，重复上述过程，直至洗出的水清澈为止。

（3）用水冲洗剩留在筛上的细粒，并将公称直径为 80μm 的方孔筛放在水中（使水面略高出筛内颗粒）来回摇动，以充分洗除小于 80μm 的颗粒。然后将两只筛上剩留的颗粒和筒中已洗净的试样一并装入浅盘，置于温度为（105±5）℃的烘箱中烘干至恒重。取出冷却至室温后，称取试样的质量。

441. 现有一份碎石试样，做了针状颗粒和片状颗粒的含量试验，试验结果如下：试样质量为 5000g，挑出针状颗粒质量 143g，片状颗粒质量 116g，请计算碎石中针状颗粒和片状颗粒的总含量。

$$\omega_p = [(143+116) \div 5000] \times 100\% = 5.2\%$$

得出该份碎石中针状和片状颗粒的总含量为 5.2%。

442. 取公称粒径 10～20mm 的碎石进行压碎性指标试验，试验完毕后，记录数据如下：筒中试样质量为 3000g；筛除被压碎的细粒，称量留在公称直径为 2.50mm 的方孔筛筛上的试样质量为 2757g，请计算该碎石的压碎指标。

$$\delta_a = (3000-2757) \div 3000 \times 100\% = 8.1\%$$

得出该碎石的压碎指标为 8.1%。

443. 碎石中含泥量试验中，准确称取两份试样各 5000g，试验后干燥试样分别为 4970g 和 4980g，求碎石中含泥量。

两份试样的含泥量分别为：

$$\omega_{c1} = (5000-4970) \div 5000 \times 100\% = 0.6\%$$
$$\omega_{c2} = (5000-4980) \div 5000 \times 100\% = 0.4\%$$

因两次试验结果之差 $0.6\% - 0.4\% = 0.2\% \leqslant 0.2\%$，试验有效，故应取两次试验结果的算术平均值，

得出该碎石中含泥量 $\omega_c = (0.6\% + 0.4\%) \div 2 = 0.5\%$。

2.4.4 外加剂基础知识

444. 简述减水剂提高混凝土拌和物流动性的作用机理。

减水剂提高混凝土拌和物流动性的作用机理主要包括分散作用和润滑作用两个方面。减水剂实际上为一种表面活性剂，长分子链的一端易溶于水——亲水基，另一端难溶于水——憎水基。分散作用：水泥加水拌和后，由于水泥颗粒分子引力的作用形成絮凝结构，使10%～30%的拌和水被包裹在水泥颗粒之中，不能参与自由流动和润滑作用，从而影响了拌和物的流动性。当加入减水剂后，由于减水剂分子能定向吸附于水泥颗粒表面，使水泥颗粒表面带有同一种电荷，形成静电排斥作用，促使水泥颗粒相互分散，絮凝结构被破坏，释放出被包裹部分水，参与流动，从而有效增加了混凝土拌和物的流动性。润滑作用：减水剂中的亲水基极性很强，因此水泥颗粒表面的减水剂吸附膜能与水分子形成一层稳定的溶剂化水膜，这层水膜具有较好的润滑作用，能有效降低水泥颗粒间的滑动阻力，从而使混凝土的流动性进一步提高。

445. 简述聚羧酸高性能减水剂较普通高效减水剂的减水效果更好、坍落度更大的原因。

聚羧酸系减水剂的高分散性除了静电斥力作用机理外，更多的是由于空间位阻效应。聚羧酸系减水剂本身为大分子链结构，且侧链结构长而复杂，支链结构呈梳形，主链上带有多个极性较强的活性基团，吸附了聚羧酸系减水剂的水泥颗粒，其 Zeta 电位很低，致使水泥颗粒分子之间构成了一种隔离层，存在很大的排斥力，并且排斥力会随着聚羧酸减水剂分子量的增大而增大，使其在极低的掺量下表现出较高的分散性能。

446. 简述早强剂及早强减水剂的主要功能。

早强剂：在混凝土配合比不变的情况下，能够提高混凝土早期强度发展速度，从而提高早期强度；

早强减水剂：使拆模时间提前；减轻混凝土对模板的侧压力；缩短混凝土的养护周期；加快混凝土制品场地周转，提高生产效率；减少低温对混凝土强度发展的影响；对于修补、加固工程，可加快施工速度。

447. 简述减水率的定义及检验范围。

减水率是指混凝土的坍落度在基本相同的条件下，（掺用外加剂混凝土的用水量、不掺外加剂的基准混凝土的用水量之差）与不掺外加剂的基准混凝土用水量的比值。减水率检验仅在减水剂和引气剂中进行，它是区别高效型与普通型减水剂的主要功能技术指标之一。混凝土中掺用适量减水剂，在保持坍落度不变的情况下，可减少单位用水量5%～30%，从而增加了混凝土的密实度，提高了混凝土的强度和耐久性。

448. 当混凝土需水量、流动性、保塑性异常时应如何判断原因？

如发现异常时，应采用逐一排除法，如怀疑水泥有问题，则选择相同配比的两盘混凝土，其中一盘采用原用的正常水泥，另一盘采用被怀疑的异常水泥，来做混凝土对比试验，如两盘混凝土试验结果相同，则排除水泥因素，再用上述配比选择不同砂石（或粉煤灰、外加剂、矿粉等）逐一排除法，查找到原因后，应立即停止造成混凝土异常因素材料的使用。

449. 什么是润管剂？有哪些特点？

润管剂是用来代替水和砂浆，在泵送前对泵机、泵管湿滑的一种新材料。润管剂能在泵管内形成1~2mm的润滑层，有利于混凝土通过。泵管前端排出的极少润管剂残液可卸在模板外，因其量极少、且为碱性，即使混入混凝土中也无害。该产品为绿色环保型产品，使用后还能提高15%的泵管壁耐磨性。采用润管剂可减少润管砂浆，还可省去运送水和砂浆的车辆，降低油耗，减少环境污染。润管剂成本较低，约为同强度等级砂浆的八分之一，是一种值得推广的节能降耗产品。

450. 简述应用混凝土膨胀剂的目的。

（1）提高混凝土的抗裂能力，减少并防止裂缝的出现；
（2）阻断混凝土的毛细孔渗水通道，提高混凝土的抗渗等级；
（3）使超长钢筋混凝土的结构保持连续性，满足建筑设计要求；
（4）不设后浇带以加快工程进度，防止后浇带处理不好引起地下室渗水。

451. 什么是清水混凝土表面处理剂？有哪些特点？

清水混凝土表面处理剂由防止混凝土吸水的底涂和透明氟碳罩面漆组成，既能对混凝土表面的各种瑕疵进行修补，又能保留混凝土的本色与质地。

清水混凝土表面处理剂具有以下特点：

（1）卓越的耐候性。超强的渗透能力，良好的透气"呼吸"功能，优异的防水性能，极佳的环保性，不改变基层的颜色和外观，提高混凝土的耐久性，延长混凝土的使用寿命，保护混凝土、石材、砖板、古建筑物等不会遭受与水相关的损坏，防止霉菌、苔藓产生，减少风化、盐渍和返碱，免受污染保持洁净，保证涂膜15~20年不受损害，从而使建筑物长期免于维护。

（2）极好的憎水性。底涂是一种防止混凝土吸水的特殊材料，它可以阻止以水为载体的一些介质对混凝土的侵蚀，防止混凝土水分进入涂膜，能起到有效的防水作用。

（3）自然的表面效果。由于此涂层系统每一部分都是透明涂料，从而可保持混凝土表面自然的质感，体现混凝土最为本真的建筑效果。

（4）防止混凝土裂缝。涂料可封闭混凝土的所有毛细孔，涂膜可以防止混凝土出现微小裂缝，并防止被腐蚀。

（5）有效防止混凝土中性化。混凝土本身为碱性，中性化则是对混凝土最大的危害。此涂层可最大限度地保护混凝土，防止其被酸雨腐蚀，从而避免了中性化破坏。

452. 什么是减缩剂？作用机理是什么？

混凝土减缩剂是使混凝土早期干缩减小，从而减少甚至消除裂缝产生的外加剂。减缩剂的主要作用机理是：一方面，可在强碱性的环境中大幅度降低水的表面张力，从而减小毛细孔失水时产生的收缩应力；另一方面，可增大混凝土孔隙水的黏度，增强水在凝聚体中的吸附作用，减小混凝土的收缩值。减缩剂的主要成分是聚醚或聚醇及其衍生物。减缩剂为非引气性外加剂，挥发性低，对水泥的水化凝结无影响；一般为液体，易溶于水，通常掺量为水泥质量的2%~6%。

453. 什么是碱骨料反应抑制剂？

混凝土的碱骨料反应危害在我国尚未被普遍观察到。碱骨料反应周期一般较长，有的要10~20年才能表现出来，故容易被人们所忽视，可是一旦发生，则危害极大。至今尚无根治措施，因此被人们喻为混凝土的"癌症"。碱骨料反应抑制剂是一类能减少由于碱骨料反应引起的混凝土膨胀开裂或是抑制碱骨料反应发生的外加剂。适用于使用含碱活性石子和砂料作骨料的混凝土中。

454. 什么是混凝土灭菌剂？

某些水下混凝土工程或特别潮湿的地下混凝土工程，表面会黏附一些浮游生物或脏斑点，不仅影响美观，而且使混凝土表面易受侵蚀，导致强度降低，严重的甚至产生孔洞及剥落现象。为防止和限制细菌、毒菌和浮游生物在混凝土表面生长，保持结构表面光洁，而掺入混凝土中的外加剂，称为灭菌剂。

2.4.5 矿物掺合料基础知识与检验

455. 简述粉煤灰在混凝土中应用的主要作用。

①可替代部分水泥，降低混凝土成本，节约资源与能源；②提高混凝土的后期强度（扩大混凝土品种和强度等级范围）；③改善新拌混凝土的工作性（和易性、可泵性、耐久性）；④降低混凝土温升（降低水化热）；⑤抑制碱骨料反应；⑥提高混凝土的耐久性；⑦超叠加效应；⑧缓凝、润滑。

粉煤灰是活性材料，能够改善水泥砂浆和粗骨料间的薄弱界面，从而提高混凝土的力学性能。一定掺量的粉煤灰替代水泥制成混凝土能够提高混凝土的性能，粉煤灰的细度越小，球形颗粒越多，它的含碳量就越低，活性就越高，需水量就越少。原始状态的粉煤灰表面相对粗糙，形状不规则且会粘连在一起，对改善混凝土的性能有一定难度。采用球磨机对这种粉煤灰进行球磨，可打破原本结构的排列方式，使其颗粒重排、改变颗粒级配，增大反应面积。但是，粉煤灰当中还有未燃烧完的部分，是一种对混凝土有害的物质，粉煤灰在水泥中的水化反应称为火山灰反应，生成低碱度的C-S-H凝胶，火山灰反应会降低水化的生成物浓度，有利于水化反应进行，同时生成的其他低碱性产物会填充孔隙，对混凝土的密实度有较好的改善作用。掺入粉煤灰后的混凝土会减小水泥孔隙比，增大接触面积，使混凝土更密实，同时粉煤灰二次水化反应的生成物会堵塞混凝土渗透通道，从而提高混凝土的抗渗性，防止部分有害介质的侵入及包裹的钢筋被锈蚀；提高混凝土的抗冻性，降低混凝土的开裂、脱落风险；减少与铝酸三钙水化物的反应，降低其导致的混凝土开裂，提高混凝土的抗侵能力和抗冻性能，显著提高混凝土的耐久性。

在掺入粉煤灰替代水泥的过程中，混凝土的各项性能的最优值所对应的配合比往往是不相匹配的，甚至完全有可能当某种性能达到最优的时候，另外的性能已经在受影响了，造成粉煤灰混凝土性能的缺陷，很多学者只考虑了部分性能的最优配合比，却往往忽略了综合性能的最优配合比。所以综合性能最优配合比如何达到最大化是混凝土行业当下需要解决的问题。粉煤灰混凝土的抗压强度虽然比普通混凝土有所提高，但依然不理想。

456. 简述磷渣粉的组成材料要求。

（1）粒化电炉磷渣应符合《用于水泥中的粒化电炉磷渣》（GB/T 6645—2008）要求。

①原态磷渣质量系数 K 值不小于 1.1。

②磷渣中五氧化二磷质量分数不大于 3.5%。

③干磷渣的松散密度（简称密度）不大于 $1.30 \times 10^3 \text{kg/m}^3$。

④块状磷渣的最大尺寸不大于 50mm；且大于 10mm 的颗粒，以质量分数计，不超过 5%。

⑤不混有磷泥等任何外来杂物。

⑥磷渣的放射性应满足《建筑材料放射性核查限量》（GB 6566—2010）的有关规定。

（2）石膏符合《天然石膏》（GB/T 5483—2008）中规定的 G 类或 M 类二级（含）以上的石膏或混合石膏。

（3）助磨剂符合《水泥助磨剂》（GB/T 26748—2011）的有关规定，其加入量应不超过磷渣粉总质量的 0.5%。

457. 什么是粒化高炉矿渣粉？

粒化高炉矿渣粉是以粒化高炉矿渣为主要原料，可掺加少量天然石膏，磨制成一定细度的粉体。

其中，粒化高炉矿渣应符合《用于水泥中的粒化高炉矿渣》（GB/T 203—2008）规定：质量系数 K 值大于等于 1.2；二氧化钛、氧化亚锰、氟化物质量分数小于等于 2.0；硫化物质量分数小于等于 3.0；玻璃体质量分数大于等于 70。

石膏符合 GB/T 5483—2008 规定的 G 类或 M 类二级（含）以上的石膏或混合石膏。

其中，可加入不超过矿渣粉质量 0.5% 的助磨剂（应符合 GB/T 26748—2011 的规定）。

458. 矿渣粉的比表面积如何测定？

按《水泥比表面积测定方法　勃氏法》（GB/T 8074—2008）进行。勃氏透气仪的校准采用《粒化高炉矿渣粉细度和比表面积标准样品》（GSB 08-3387—2017）或相同等级的其他标准物质，有争议时以前者为准。

（1）将透气圆筒上口用橡皮塞塞紧，接到压力计上，用抽气装置从压力计一臂中抽出部分气体，然后关闭阀门，观察是否漏气。如发现漏气，可用活塞油脂加以密封。

（2）空隙率（ε）的确定，矿渣粉的空隙率选用 0.530 ± 0.005，当按上述空隙率不能将试样压至规定的位置时，则允许改变空隙率。空隙率的调整以 2000g 砝码（五等砝码）将试样压实至规定的位置为准，确定试样量。

459. 简述矿渣粉的密度测定试验步骤。

(1) 将无水煤油注入李氏比重瓶中至 0 到 1mL 刻度线后（以弯月面下部为准）盖上瓶塞放入恒温水槽内，使刻度部分侵入水中（水温应控制在李氏比重瓶刻度时的温度），恒温 30min，记下初始读数。

(2) 矿粉试样预先通过 0.90mm 的方孔筛，在（110±5）℃温度下干燥 1h，并在干燥器内冷却至室温，称取矿粉 60g，称至 0.01g。

(3) 用小匙将试样一点一点地装入李氏比重瓶中，反复摇动，至没有气泡排出为止。

(4) 再次将李氏比重瓶静置于恒温水槽中，恒温 30min，记下第二次读数。

(5) 结果计算。

460. 矿渣粉的强度活性指数如何测定？

①材料：

对比水泥：符合《强度检验用水泥标准样品》（GSB 14-1510—2018）规定，或符合《通用硅酸盐水泥》（GB 175—2007）规定的强度等级为 42.5 的硅酸盐水泥或普通硅酸盐水泥。

试验样品：对比水泥和被检验粉煤灰按质量比 7∶3 混合。

标准砂：符合《中国 ISO 标准砂》（GSB 08-1337—2008）规定。

水：洁净的淡水。

②仪器设备：天平、搅拌机、振实台或振动台、抗压强度试验机等均应符合（GB/T 17671—2021）的规定。

③实验步骤

胶砂配比按下表进行：

胶砂种类	对比水泥（g）	试验样品（g）		中国 ISO 标准砂（g）	水（mL）
		对比水泥	粉煤灰		
对比胶砂	450	—	—	1350	225
试验胶砂	—	315	135	1350	225

将对比胶砂和试验胶砂分别按《水泥胶砂强度检验方法（ISO 法）》（GB/T 17671—2021）规定进行搅拌、试体成型和养护。

试体养护至 28d，按 GB/T 17671—2021 规定分别测定对比胶砂和试验胶砂的抗压强度。

④结果计算

强度活性指数按下式计算，结果保留算至 1%：

$$A_{28}=\frac{R_{28}}{R_{028}}\times100\%$$

式中：

A_{28}——强度活性指数，%；

R_{28}——试验胶砂 28d 抗压强度,单位为兆帕(MPa);
R_{028}——对比胶砂 28d 抗压强度,单位为兆帕(MPa)。

试验结果如有异议或需要仲裁检验时,对比水泥宜采用《强度检验用水泥标准样品》(GSB 14-1510—2018)。

461. 简述矿渣粉含水量的测定方法。

(1) 将蒸发皿在烘干箱中烘干至恒重,放入干燥器中冷却至室温后称重(m_0)。

(2) 将约 50g 的矿渣粉样品倒入蒸发皿中称重(m_1),精确至 0.01g。

(3) 将矿渣粉样品与蒸发皿一起放入 105～110℃烘干箱内烘至恒重,取出放在干燥器中冷却至室温后称重(m_2),精确至 0.01g。

2.4.6 混凝土基础知识

462. 混凝土保水性的意义?对混凝土质量有什么影响?

保水性是指混凝土拌和物在施工过程中,具有一定的保水能力,不致产生严重泌水的性能。保水性不良的混凝土,易出现泌水,水分泌出后会形成连通孔隙,影响混凝土的密实性;泌出的水还会聚集到混凝土表面,引起表面疏松;泌出的水积聚在骨料或钢筋的下表面会形成孔隙,从而削弱了骨料或钢筋与水泥石的黏结力,影响混凝土的质量。随着土木工程项目建设规模的日渐扩大,工程对混凝土的需求量也越来越大,因此,施工单位常常采取购置成品混凝土的方式,来供给工程建设所需,在这种情况下,混凝土就需要事先拌和,而成品混凝土在运输过程中,如果运输距离较远、搁置时间过长,混凝土中的水分就会大量散失,使混凝土的流动性降低,这种混凝土一旦在工程施工当中使用,则极易引发崩散现象,导致质量与安全事故。另外,如果混凝土长时间暴露在高温环境下,混合料内部的水分蒸发速度也会飙升,这时,混凝土表面就会出现干裂现象,无法投入使用。

463. 聚合物混凝土是一种有机-无机的复合材料。聚合物混凝土有什么特点?

聚合物混凝土是混凝土与聚合物的复合材料。与普通混凝土相比,具有抗拉强度高、脆性小、不易开裂、耐化学腐蚀性好等特点,扩大了混凝土的使用范围。

464. 简述混凝土坍落度与坍落扩展度试验的测定步骤。

坍落度与坍落扩展度试验应按下列步骤进行:

(1) 湿润坍落度筒及底板,在坍落度筒内壁和底板上应无明水。底板应放置在坚实水平面上,并把筒放在底板中心,然后用脚踩住两边的脚踏板,坍落度筒在装料时应保持固定的位置。

(2) 将按要求取得的混凝土试样用小铲分三层均匀地装入筒内,使捣实后每层高度为筒高的三分之一左右。每层用捣棒插捣 25 次。插捣应沿螺旋方向由外向中心进行,各次插捣应在截面上均匀分布。插捣筒边混凝土时,捣棒可以稍稍倾斜。插捣底层时,捣棒应贯穿整个深度;插捣第二层和顶层时,捣棒应插透本层至下一层的表面。浇灌顶层时,混凝土应灌到高出筒口。插捣过程中,如混凝土沉落到低于筒口,则应随时添加。顶层插捣结束后,刮去多余的混凝土,并用抹刀抹平。

(3) 清除筒边底板上的混凝土后，垂直平稳地提起坍落度筒。坍落度筒的提离过程应在5～10s内完成；从开始装料到提坍落度筒的整个过程应不间断地进行，并应在150s内完成。

(4) 提起坍落度筒后，测量筒高与坍落后混凝土试体最高点之间的高度差，即为该混凝土拌和物的坍落度值；坍落度筒提离后，如混凝土发生崩坍或一边剪坏现象，则应重新取样另行测定；如第二次试验仍出现上述现象，则表示该混凝土的和易性不好，应予记录备查。

(5) 观察坍落后的混凝土试体的黏聚性及保水性。黏聚性的检查方法是用捣棒在已坍落的混凝土锥体侧面轻轻敲打，此时如果锥体逐渐下沉，则表示黏聚性良好，如果锥体倒塌、部分崩裂或出现离析现象，则表示黏聚性不好。保水性以混凝土拌和物稀浆析出的程度来评定，坍落度筒提起后如有较多的稀浆从底部析出，锥体部分的混凝土也因失浆而骨料外露，则表明此混凝土拌和物的保水性能不好；如坍落度筒提起后无稀浆或仅有少量稀浆自底部析出，则表示此混凝土拌和物的保水性良好。

(6) 当混凝土拌和物的坍落度大于220mm时，用钢尺测量混凝土扩展后最终的最大直径和最小直径，在这两个直径之差小于50mm的条件下，用其算术平均值作为坍落扩展度值；否则，此次试验无效。如果发现粗骨料在中央集堆或边缘有水泥浆析出，表示此混凝土拌和物的抗离析性不好，应予记录备查。混凝土拌和物坍落度和坍落扩展度值以毫米为单位，测量精确至1mm，结果表达修约至5mm。

465. 简述坍落度经时损失测定试验步骤。

出盘的混凝土拌和物按《普通混凝土拌合物性能试验方法标准》（GB/T 50080—2016）进行坍落度试验后得坍落度值H_0；立即将全部物料装入铁桶或塑料桶内，用盖子或塑料布密封。存放30min后将桶内物料倒在拌料板上，用铁锹翻拌两次，进行坍落度试验得出30min坍落度H_{30}，则坍落度30min损失为H_0-H_{30}；再将全部物料装入桶内，密封再存放30min，用上法再测定一次，得出60min坍落度H_{60}，则坍落度1h损失为H_0-H_{60}。坍落度按照GB/T 50080—2016进行试验，结果以三次试验的平均值表示，精确至5mm。

466. 简述混凝土凝结时间的测定步骤。

将混凝土拌和物用5mm振动筛筛出砂浆，拌匀后装入上口内径为160mm、下口内径为150mm、净高150mm的刚性不渗水的金属圆筒，试样表面应低于筒口约10mm，用振动台振实（约3～5s），置于（20±3）℃的环境中，容器加盖。一般基准混凝土在成型后3～4h，掺具有早强作用的外加剂在成型后约1～2h，掺具有缓凝作用的外加剂在成型后约4～6h开始测定，以后每隔1h测定一次，但在临近初、终凝时，可以缩短测定间隔时间。每次测点应避开前一次测孔，其净距为试针直径的2倍，但至少不小于15mm，试针与容器边缘之距离不小于25mm。测定初凝时间用截面积为$100mm^2$的试针，测定终凝时间用$20mm^2$的试针。测试时，将砂浆试样筒置于贯入阻力仪上，测针端部与砂浆表面接触，然后在（10±2）s内均匀地使测针贯入砂浆（25±2）mm的深度。记录贯入阻力，精确至10N，记录测量时间，精确至1min。计算贯入阻力，以贯入阻力值为纵坐标，测试时间为横坐标，绘制贯入阻力值与时间关系曲线，求出贯入阻力值达 3.5MPa 时对应的时间作为初凝时间及贯入阻力值达 28MPa 时对应的时间作为终凝时间。从水泥与水接触时开始计算凝结时间。

467. 简述轻骨料混凝土的特点。

147 轻骨料混凝土是用轻骨料配制成的、表观密度不大于 1950kg/m³ 的轻混凝土，也称多孔骨料轻混凝土。

468. 坍落度损失对混凝土浇筑施工有哪些直接影响？

预拌混凝土坍落度经时损失不宜过大，也不宜过小。坍落度损失过大时，混凝土浇筑时间不好控制，因工地压车或者其他问题导致混凝土在现场等待时间过长时，混凝土坍落度就会变小，从而影响浇筑；坍落度损失过小时，大多是通过调整外加剂保坍或缓凝组分造成的，这样混凝土的敏感性就会增加，出机状态不好控制，很容易造成离析或坍落度后返大。

469. 如何判断混凝土搅拌的匀质性？

混凝土的搅拌质量控制指标，即同一盘混凝土的搅拌匀质性应符合下列规定：①混凝土中的砂浆密度两次测定值的相对误差应不大于 0.8%；②混凝土的稠度两次测定值的差值应不大于混凝土拌和物稠度允许偏差的绝对值。

470. 造成混凝土坍落度损失的原因有哪些？

造成混凝土坍落度损失的原因有：

(1) 水泥水化反应会消耗一部分水，尤其是 C_3A 与石膏早期反应生成水化硫铝酸钙会消耗较多的水，而水化生成物又会吸附水使拌和物稠化。

(2) 水泥最早期的水化会使拌和物温度升高，加速水的蒸发，特别是在夏季气温高时更为明显。掺加高效减水剂时，混凝土用水量会大幅降低，水分的蒸发对降低流动性更敏感。

(3) 水泥的碱含量、C_3A 含量以及与外加剂的相容性；砂石含泥量或石粉含量突增，会吸附过多外加剂；劣质掺合料需水量大，也会吸附水分和外加剂。

(4) 外加剂自身缓凝效果差或者未复配足够的缓凝组分。

(5) 水泥温度过高，如超过 60℃ 时，新拌混凝土的坍落度损失非常快。

471. 试列举调整混凝土拌和物和易性的有效措施。

(1) 采用合理砂率标准（调整砂率）；
(2) 改善砂的级配（调整砂级配，控制含泥量及石粉含量）；
(3) 改善石子的级配（调整石子级配、粒形及空隙率）；
(4) 调整水泥用量；
(5) 调整粉煤灰、矿粉等掺合料用量；
(6) 调整外加剂的掺量及成分；
(7) 调整水灰比；
(8) 混凝土拌和物搅拌时环境及温湿度；

(9) 适当调整粗细骨料在混凝土中所占比例；

(10) 适当调整用水量；

(11) 控制运输时间；

(12) 注意施工环境、温度，根据实际情况进行调整。

472. 混凝土的收缩有哪些形式？

混凝土的收缩形式包括干燥收缩、化学收缩、塑性收缩、温度收缩、碳化收缩、自收缩。混凝土是由多种材料组成的非匀质材料，具有较高的抗压强度和良好的耐久性，但抗收缩能力和抗开裂性能较差。在混凝土开裂的众多原因中，收缩是引起混凝土早期裂缝的主要原因之一。影响混凝土收缩的因素较多，包括水泥、矿物掺合料、外加剂、用水量、养护、环境条件等。其中，混凝土中的胶凝材料体系对混凝土的收缩具有显著的影响。通常来说，矿物掺合料可以影响胶凝材料体系的水化进程，改变水化产物的结构。如粉煤灰掺入混凝土中，会减缓水化反应的速度，改善混凝土的内部结构，在水化反应过程中产生大量钙矾石，从而抑制混凝土的收缩（尤其是混凝土的早期收缩）。但并不是粉煤灰掺量越大，抑制收缩的效果越好。有研究表明，在水泥—粉煤灰—矿渣粉三元胶凝材料体系中，粉煤灰和矿渣粉的掺量保持在一定范围内，对混凝土的收缩抑制效果较好。因此，胶凝材料体系中水泥、粉煤灰和矿渣粉的相对含量不同，造成混凝土的早期收缩的形式也不同。

473. 什么是再生混凝土？它有哪些基本特点？

再生混凝土是再生骨料部分或全部代替砂石等天然骨料（主要是粗骨料），再加入水泥、水等配而成的新混凝土。一般来说，这种混凝土用水量较大、硬化后的强度低、弹性模量低，而且抗渗性、抗冻性、抗碳化能力、收缩、徐变和抗氯离子渗透性等耐久性能均低于普通混凝土。骨料是土木工程建筑中混凝土的常用原料，该种原料在建筑施工当中的应用能够有效提高建筑的质量和稳定性。随着社会的不断发展，骨料的成分也在不断地发生变化，在过去几年中，骨料通常是由砂石组成。而在人们可持续发展理念不断加强的背景下，骨料应用方面的技术发展也越来越快，很多固体废料经过再加工形成再生骨料，以实现固体废物的循环利用，这些骨料也被称为再生骨料。目前，就我国建筑工程行业而言，再生骨料除了建筑拆除出的混凝土块之外，还夹杂有陶瓷、砖瓦、炉渣、玻璃、矿物废料等，除此之外，塑料、橡胶、废弃的木头、废纸等也都被应用于再生骨料的制作当中。由此可见，经过相关技术处理后，将杂质经过破碎分级，然后按科学的比例进行混合，这便成为了适应不同建筑要求的再生骨料。再生混凝土主要是利用再生骨料所配制而成的混凝土，相对于再生混凝土，由天然骨料所配制而成的混凝土被称为天然骨料混凝土，这也是建筑当中常规采用的混凝土。针对再生骨料的粒度不同可以将其分为再生粗骨料（粒径在5mm以上）、再生细骨料（粒径在0.08~5mm之间）、再生微粉（粒径<0.08mm）。在实际的建筑施工过程中，可以根据不同需求来选用不同粒度的再生骨料。对于再生骨料提质技术的选择，经济性是基础。对再生骨料品质进行提质处理，必然会增加能耗或成本，如果经过品质提升技术处理过的再生骨料的价格高于天然骨料，那么此技术不可能被规模化、产业化地应用，因此，再生骨料品质

提升技术选择要以经济性为基础,只有综合考虑再生骨料节能利废税费优惠政策、天然骨料紧缺性、价格上涨等因素,全面分析再生骨料品质提升技术的经济性,才能使其得到更好的应用。再生骨料提质技术选择的先进性是核心,先进性主要体现在能否大幅改善再生骨料品质,能否降低能源的消耗,能否明显减少或避免环境污染与生态破坏,能否具有规模化生产的可操作性。只有先进的再生骨料品质提升技术,才能满足节能、减排、安全、便利、可循环的建材发展方向的要求。再生骨料提质技术选择的适用性是关键,再生骨料生产所用建筑垃圾的来源广泛、成分复杂,生产工艺水平参差不齐,不同的再生骨料品质提升所用技术必须保证有一定的适用性,才能使提质增效事半功倍。一般来说,物理方法适用于提升再生骨料的颗粒级配、粒形、压碎值等性能;化学方法适用于提升再生骨料的吸水率、压碎值等性能。

474. 什么是混凝土欠硫现象?

水泥中掺入适量石膏用作调凝剂,用以控制水泥中水化速度最快的 C_3A 的反应速度。其机理是:水泥中 C_3A 与 $CaSO_4$（即石膏）反应生成钙矾石,水化产物在 C_3A 表面形成不渗透的外壳,延缓了 C_3A 的反应,起到了缓凝的作用。当水泥中 SO_3 不足或采用溶解速度极慢的硬石膏时, C_3A 的水化速度得不到抑制,水泥就会发生异常凝结,混凝土坍落度迅速损失,这就是典型的欠硫现象。此时应采用高浓型萘系高效减水剂,混凝土坍落度损失要比低浓型高效减水剂损失快,主要原因就是高浓型萘系减水剂中硫酸钠较少。

475. 引起混凝土拌和物工作性降低的主要环境因素是什么?

引起混凝土拌和物工作性降低的环境因素主要有:温度、湿度和风速。温度的升高会加速水化率以及水分蒸发而损失,这些都会导致拌和物坍落度的减小。

混凝土拌和物的工作性,也叫和易性,是指混凝土拌和物在进行搅拌、运输、浇筑、振捣养护等过程中易于操作,混凝土易密实成型并能保证质量的性能。混凝土拌和物和易性的好坏直接影响着混凝土的浇捣操作、成型质量等多个方面。

在实际工作中,影响混凝土工作性的因素较多,主要有水泥浆的数量、水灰比、砂率、混凝土搅拌环境及外加剂等,以下简述前三种。

（1）水泥浆的数量。混凝土拌和物中的水泥浆可以使混凝土产生流动性。在配制混凝土时,假定混凝土水灰比保持不变,混凝土拌和物中水泥浆越多,其流动性越好;水泥浆越少,混凝土拌和物的黏聚性就会越差。但是在实际操作中,如果混凝土拌和物中水泥浆过多,将会产生流浆现象,反而会使混凝土拌和物的黏聚性变差,同时对混凝土的强度及耐久性也会产生影响,水泥用量也会加大,因此,混凝土拌和物中水泥浆的含量应适量,满足混凝土拌和物的流动性要求即可。

（2）水灰比。在水泥品种、用量一定的情况下,水灰比过小,会使混凝土流动性变差,施工困难,无法保证混凝土的密实性;水灰比过大,水泥浆过稀,则混凝土的黏聚性、保水性变差,会影响混凝土的耐久性。故水灰比应根据混凝土的强度和耐久性合理确定。

（3）砂率。砂率即混凝土拌和物中砂的质量与砂、石总质量的百分比。砂率过大时，骨料的总表面积及空隙率都会增大，在水泥浆总量不变的情况下，会使水泥浆的相对数量变少，润滑作用减弱，混凝土拌和物的流动性降低。如砂率过小，混凝土拌和物粗骨料间没有足够的砂浆层，将会降低混凝土拌和物的流动性，严重影响混凝土拌和物的黏聚性和保水性。因此，在实际工作中应当合理采用砂率，在用水量及水泥用量一定的情况下，使混凝土拌和物获得最大的流动性且能保持良好的黏聚性和保水性。影响砂率的因素很多，很难通过计算的方法得出合理的砂率。通常我们在保证拌和物不离析、又能很好的浇筑、捣实的条件下，尽量选用较小的砂率，可以节省水泥用量。对于工程量较大的工程，应通过试验的方法找出合理的砂率。

476. 当坍落度大于设计要求时如何调整混凝土的配合比？

可在保持砂率不变的前提下，增加砂石用量，实际上减少水泥浆数量，选择合理的浆骨比。

477. 请解释什么是纤维增强混凝土？

纤维混凝土（FRC）又称为纤维增强混凝土（Fiber Reinforced Concrete），是以水泥净浆、砂浆或混凝土作为基材，以非连续的短纤维或连续的长纤维作为增强材料，均匀地掺合在混凝土中而形成的一种新型水泥基复合材料的总称。

478. 纤维在水泥基材料中的作用可以分为哪三个方面？

提高基材的抗拉强度；阻止基材中原有缺陷（微裂缝）的扩展并延缓新裂缝的出现；提高基材的抗变形能力，从而改善其韧性和抗冲击性。

479. 通常情况下，如何防止混凝土泌水、扒底，试列举四条以上预防措施。

（1）采用新品种外加剂时，应反复多次试验，寻找最佳掺量。（优化外加剂掺量）

（2）混凝土搅拌要严格控制外加剂和水用量。（严控用水量）

（3）每日每种型号要检查首盘混凝土的和易性（接料检查），同时进行混凝土动静态检查，并到现场跟踪观察混凝土的可泵性、保水性，合格后再批量生产。（开盘鉴定）

（4）采用氨基磺酸盐、聚羧酸高效减水剂配制混凝土时，可掺入粉煤灰、沸石粉、硅灰等保水性材料，防止混凝土泌水、扒底。（复掺矿物掺合料）

（5）适当提高砂率，保证砂中 0.315mm 以下含量＞15%，提高混凝土的保水性。（适当提高砂率）

480. 试述在生产过程中，预拌混凝土用水量突然明显增大的原因及解决方法。

（1）粉煤灰细度突然变化，筛余量 30%，甚至 40%～60% 的粗灰入仓，会造成混凝土搅拌用水量明显增大。此时，应立即停止搅拌，将仓中粗灰排出。

（2）水泥混仓，下部是需水量较小的水泥，上部是另一种需水量较大的水泥，当下部水泥用完，上部水泥搅拌混凝土时，单方用水量会明显增大，因此水泥不得混仓。

（3）细砂突然代替中砂使用，会造成需水量上升 $10\sim15kg/m^3$。不同细度的砂要分别堆放，区别在不同型号混凝土中使用。

（4）筒仓中注入刚出厂的热水泥（有时高于 60℃），这种水泥会造成混凝土需水量急增，坍落度损失明显加大，此时应与水泥厂联系，尽量使用储存期在 3d 以上的水泥。

(5) 水泥：标准稠度用水量的大小对混凝土用水量具有一定影响，在混凝土生产实践中，应加强水泥检测的频率，当水泥标准稠度用水量与配合比设计时所用水泥标准稠度用水量相差较大时，应注意调整配合比。根据经验，标准稠度用水量增加1%，混凝土用水量要增加 $3\sim5kg/m^3$。

(6) 矿物掺合料：随着粉煤灰需水量比的增加，混凝土拌和物要达到相同的坍落度，拌和用水量也会相应增加。实践证明，粉煤灰含碳量较高（烧失量较大），混凝土用水量增加。在生产过程中，要加强矿物掺合料的取样试验，发现矿物掺合料需水量比（或者流动性比）明显超出设计配合比所用原材料时，应采用增加外加剂用量的方法来控制用水量，防止用水量超出设计配合比而用水量过多。

(7) 细骨料：细骨料中含粉量或者含泥量增加必然对用水量的需求增加。细骨料品种的变化也会造成用水量的显著变化，如机制砂变成吸水率较大的风化砂，造成用水量增加，坍落度损失加快。细骨料含水率变化，引起混凝土用水量失控的现象，往往因为含水率设定不合理。因此在生产之前要先充分进行实验室试拌。

(8) 外加剂：外加剂质量的降低会造成减水率的降低，使混凝土用水量增加。外加剂质量的降低主要有两种情况，一是外加剂厂家故意降低外加剂质量，二是外加剂与混凝土原材料的相容性变差。

481. 抗冻混凝土的原材料应满足哪些要求？

(1) 水泥应采用硅酸盐水泥或普通硅酸盐水泥。

(2) 粗骨料宜选用连续级配，其含泥量不得大于1.0%，泥块含量不得大于0.5%。

(3) 细骨料含泥量不得大于3.0%，泥块含量不得大于1.0%。

(4) 粗、细骨料均应进行坚固性试验，并应符合现行行业标准《普通混凝土用砂、石质量及检验方法标准》(JGJ 52-2006) 规定。

(5) 抗冻等级不小于F100的抗冻混凝土宜掺用引气剂。

(6) 在钢筋混凝土和预应力混凝土中不得掺用含有氯盐的防冻剂；在预应力混凝土中，不得掺用含有亚硝酸盐或碳酸盐的防冻剂。

482. 试列举坍落度损失过大的应对措施。

(1) 对于坍落度损失不严重的情况，可以适当提高外加剂掺量，以减小坍落度损失。

(2) 提高配合比原始用水量。原始用水量提高，胶凝材料量也随着提高，混凝土的流动性改善，其对外加剂的依赖减弱，可以减小坍落度损失。

(3) 降低水泥用量，在掺合料质量合格的前提下，提高掺合料用量，减小水泥用量。

(4) 试配调整配合比，更换原材料。

(5) 二次添加外加剂工艺，适用于坍落度损失非常大的情况。

483. 配制高性能混凝土有哪些要点？

(1) 采用优质高效/高性能减水剂，以提高混凝土的工作性能，降低水胶比，减少混凝土的收缩。

(2) 混凝土引入体积含量 3‰~4‰的优质气泡或添加引气、发泡成分,以提高混凝土的工作性能和耐久性。

(3) 混凝土中掺入优质矿物细掺合料,以提高混凝土的工作性能和密实性;粉煤灰掺量不宜大于胶结材料总质量的 30%,磨细矿渣掺量不宜大于 50%,天然沸石粉掺量不宜大于 10%,硅粉掺量不宜大于 10%。

(4) 不能过分提高胶结料用量,以保证混凝土体积的稳定性。配制 C50、C60 混凝土水泥量不宜大于 $450kg/m^3$,水泥与掺合料的胶结材料总量不宜大于 $550kg/m^3$;配制 C70、C80 混凝土水泥量不宜大于 $500kg/m^3$,水泥与掺合料的胶结材料总量不宜大于 $600kg/m^3$。

(5) 合理调整粗骨料用量和砂率,减少砂石混合空隙率,实现低水胶比下达到良好的和易性。如 C60 单方用水量约为 $170kg/m^3$,水胶比 0.3;C80~C100 单方用水量不大于 $150kg/m^3$,水胶比 0.23~0.25。

484. 造成混凝土坍落度损失的原因是什么?请阐述其发生原因及调整措施。

(1) 水泥水化反应会消耗一部分水,尤其是 C_3A 与石膏早期反应生成水化硫铝酸钙会消耗较多的水,而水化生成物又会吸附水使拌和物稠化。

(2) 水泥最早期的水化使拌和物温度升高,加速水的蒸发,特别是在夏季气温高时更为明显。掺加高效减水剂时混凝土用水量会大幅降低,水分的蒸发对降低流动性更敏感。

(3) 水泥的碱含量、C_3A 含量以及与外加剂的相容性;砂石含泥量或石粉含量突增,会吸附过多外加剂;劣质掺合料需水量大,也会吸附水分和外加剂。外加剂自身缓凝效果差或者未复配足够的缓凝组分。

(4) 水泥温度过高,如超过 60℃时,新拌混凝土的坍落度损失非常快。

(5) 混凝土所用粗细骨料的含泥量和泥块含量超标,碎石针片状颗粒含量超标等都会造成混凝土坍落度损失加快。

(6) 混凝土搅拌工艺对混凝土坍落度损失亦有影响,搅拌机的机型和搅拌效率都有关,因此,要求搅拌机要定期检修,搅拌叶片要定期更换。

(7) 环境温度影响:夏季气温大于 25℃或在 30℃以上时,相对于 20℃时的混凝土坍落度损失要加快 50%以上;当气温低于 5℃时,混凝土坍落度损失较小或无损失。因此,泵送混凝土生产和施工时,要密切关注气温对混凝土坍落度的影响。

(8) 原材料的使用温度过高,会造成混凝土温度升高和坍落度损失加快。一般要求混凝土出机温度应在 5~35℃内,超出此温度范围,就要采取相应的技术措施,如加冷水、冰水、地下水,以降低原材料使用温度等。

(9) 混凝土坍落度损失与混凝土的强度等级有关,等级高的混凝土相对于低等级的混凝土坍落度损失快,碎石混凝土比卵石混凝土损失快。因此,应根据施工要求选择适合强度等级的混凝土。

(10) 混凝土搅拌运输车运输距离和时间较长,混凝土由于发生化学反应、水分蒸发、骨料吸水等多方面原因,自由水分减少,造成混凝土坍落度经时损失。要合理安排混凝土运输间隔,减少运输距离和时间。

（11）混凝土浇筑过程中，混凝土到达仓面内的时间较长，会因为发生化学反应、水分蒸发、骨料吸水等多方面原因使混凝土中的自由水分迅速减少，从而造成坍落度损失。混凝土浇筑时间不同，也是造成混凝土坍落度损失的一个重要原因。早上和晚上影响较小，中午和下午影响较大，早上和晚上气温低，水分蒸发慢；中午和下午气温高，水分蒸发快，水分损失越快混凝土坍落度损失越大。因此要合理选择浇筑时间和方式。

（12）砂石含水率变小，砂石含水率突然变小，生产用含水高于实际含水。应及时测定砂石含水率，按实际的含水率进行生产；紧急情况下，可以根据经验或者生产时增加的水量，先降低含水率生产，等实际结果出来后再采用实际含水率生产；当生产过程中发现坍落度偏小时，要及时通知质检员进行处理，可采取下一盘手动增加外加剂用量，以增大坍落度。

（13）原材料品质变差：原材料品质突然变差，导致生产用的原外加剂用量偏低。原材料变差的情况，主要有粉煤灰需水量比增大、砂含泥量增高、砂石级配变差、矿粉比表面积增大、水泥成分变化等。应采取提高外加剂用量，并追踪坍落度损失情况。

（14）外加剂减水率减小：新进的外加剂减水率变小，未及时提高配比外加剂用量。应对外加剂的减水率等指标进行检测，并进行混凝土实际生产用配合比试拌检验，以此确定最终的外加剂掺量。

485. 预防混凝土出现蜂窝缺陷的措施有哪些？

（1）浇筑前检查模板拼缝，避免浇筑过程中跑浆。
（2）确定合理的配合比，根据钢筋间隙选择合适的石子粒径。
（3）加强出站质量控制，严格到场混凝土坍落度检测，保证到场混凝土的和易性。
（4）搅拌站控制好发车间隔，施工方保证施工进度，减少压车、断车。
（5）严格执行浇筑工艺，振捣时间、振捣方式要合理，适当加强模板边角和结合部位的振捣。

486. 混凝土麻面产生的主要原因是什么？有什么预防措施？

混凝土麻面产生的主要原因包括：
（1）模板质量差，表面粗糙或黏附水泥浆渣等杂物，拆模时粘坏混凝土表面。
（2）拆模过早，表面混凝土易黏附在模板上造成麻面脱皮。
（3）模板未浇水湿润或湿润不够，混凝土表面失水过多造成麻面。
（4）模板拼缝不严，造成局部漏浆。
（5）模板未涂刷脱模剂或涂刷不均匀，混凝土表面与模板黏结造成麻面。

麻面的预防措施：对模板进行仔细加工处理，保证平滑不沾杂物；待混凝土强度达到拆模强度后，方可拆除模板；采用优质的脱模剂，并涂刷均匀。

487. 混凝土的外观质量可能会出现哪些严重缺陷？应如何修整？

混凝土的外观质量可能会出现的严重缺陷如露筋、蜂窝、孔洞等，应该采取局部剔凿，将可能影响混凝土耐久性的缺陷彻底剔凿干净，剔凿至混凝土均匀密实后，表面涂刷界面处理剂，然后用高强度等级普通砂浆、聚合物砂浆、细石混凝土等抹平，用塑料薄膜包裹覆盖，充分养护即可。对于剔凿较深的部位，可以采取支漏斗型模板，用自密实混凝土进行浇筑。混凝土到达一定强度，应保证剔凿过程在不影响临近混凝土强度的前提下进行，剔凿到表面与整体保持平整的情况下，再进行砂浆抹面即可。对于表面浮浆层较厚的墙、柱等结构，应彻底剔除浮浆层，在下次浇筑时表面涂刷界面处理剂，确保新旧混凝土黏结牢固即可。如凿除胶结不牢固部分的混凝土至密实部位，清理表面、支设模板、洒水润湿、涂抹混凝土界面剂，应采用比原混凝土强度等级高一级的细石混凝土浇筑密实，养护时间应不少于7d。

2.5　一级/高级技师

2.5.1　水泥基础知识与检验

488. 什么是水泥的需水性？

使水泥净浆、砂浆或混凝土达到一定的可塑性和流动形式所需要的拌和水量统称为水泥的需水性。原材料的影响首先是熟料，熟料需水量的大小直接影响水泥的需水量。其次是混合材料。矿粉对水泥需水量的影响最小，其次是粉煤灰，需水量由大到小的顺序是：绿页岩＞煤矸石＞粉煤灰＞矿粉。

489. 什么情况下出厂水泥不符合标准条件？

凝结时间、烧失量、氧化镁、三氧化硫、氯离子、不溶物、安定性中的任一项不符合国家标准规定，或强度低于商品强度等级规定的指标时，均为不合格品。

490. 请简述化学分析滤纸的常用种类。

常用的滤纸种类包括定性和定量两种。做化合物分析所用的滤纸为定性滤纸，测定比表面积所用的滤纸为定量滤纸。

491. 在定量分析中，清洗玻璃器皿的一般要求是什么？

玻璃器皿的清洗要求为：洗涤到将容器内的水放出后，其内壁只有一层薄而均匀的水膜而无水的条纹，且不挂水珠。

492. 氧化镁的危害有哪些？

氧化镁的危害：氧化镁经高温煅烧再冷却后，转变成方镁石晶体，其水化［与水生成$Mg(OH)_2$］速率较慢（几个月、甚至几年，此时水泥石早已凝结硬化）。该反应比过烧的氧化钙与水的反应更加缓慢，且体积膨胀（148%），会在水泥硬化几个月后导致水泥石开裂。硅酸盐水泥、普通硅酸盐水泥中的氧化镁含量要求：≤5.0%，如果水泥压蒸试验合格，则水泥中氧化镁的含量（质量分数）允许放宽至6.0%。

493. 硅酸盐水泥、普通硅酸盐水泥中的氯离子含量要求是多少？

硅酸盐水泥、普通硅酸盐水泥中的氯离子含量要求：≤0.06%。当有更低要求时，该指标应由买卖双方协商确定。

494. 什么是水泥净浆标准稠度？

为测定水泥的凝结时间、体积安定性等性能，使其具有准确的可比性，水泥净浆以标准方法测试所达到统一规定的浆体的可塑性程度，被称为水泥净浆标准稠度。

495. 水泥净浆标准稠度需水量是什么？

水泥净浆标准稠度需水量是拌制水泥净浆时为达到标准稠度所需的加水量。

496. 安定性的定义是什么？

安定性又称体积安定性，是指水泥硬化后体积变化的均匀性。

497. 引起水泥安定性不良的原因有哪些？

（1）熟料中游离氧化镁（方镁石）过多。水泥中的方镁石（MgO）在水泥凝结硬化后，会与水生成 $Mg(OH)_2$。该反应比过烧的氧化钙与水的反应更加缓慢，且体积膨胀（148%），会在水泥硬化几个月后导致水泥石开裂。

（2）水泥中 SO_3 含量过高。当石膏掺量过多时，水泥硬化后，在有水存在的情况下，它还会继续与水化铝酸钙反应生成高硫型水化硫铝酸钙（钙矾石，简写成 AFt），体积约增大 1.5 倍，会引起水泥石开裂。

（3）熟料中游离氧化钙过多。水泥熟料中含有游离氧化钙，其中部分经较高温度煅烧的 CaO 在水泥凝结硬化后，会与水缓慢反应生成 $Ca(OH)_2$。该反应会使水泥体积膨胀（98%），使水泥石发生不均匀体积变化。

498. 何为试饼法？

检验水泥熟料中的游离氧化钙影响水泥体积安定性的常用方法。用标准稠度需水量拌制的水泥净浆试饼，经养护及沸煮一定时间后，检查试饼有无裂缝或弯曲。

499. 何为雷氏夹法？

检验水泥中游离氧化钙含量影响水泥体积安定性的方法。用标准稠度需水量拌制的水泥净浆填满雷氏夹的圆柱环中，经养护及沸煮一定时间后，检查雷氏夹两根指针针尖距离的变化，以判断水泥体积安定性是否合格。

500. 如何判定水泥的不合格产品？

判定水泥是否合格的技术要求包括物理指标、化学指标和碱含量指标。其中，细度指标和碱含量指标为选择性指标，可由买卖双方协定。化学指标包括不溶物、烧失量、三氧化硫、氧化镁、氯离子。如果水泥压蒸试验合格，则水泥中氧化镁的含量（质量分数）允许放宽至 6.0%，如果水泥中氧化镁的含量（质量分数）大于 6.0%，则需要进行水泥压蒸安定性试验直至合格。当有更低要求时，该指标应由买卖双方确定。物理指标包括凝结时间、安定性、强度和细度指标。硅酸盐水泥的初凝时间不小于 45min，终凝时间不大于 390min。普通硅酸盐水泥、矿渣硅酸盐水泥、火山灰质硅酸盐水泥、粉煤灰硅酸盐水泥和复合硅酸盐水泥的初凝时间不小于 45min，终凝时间不大于 600min。

501. 简述在雷氏夹试件的成型过程。

每个试样需成型两个试件，每个雷氏夹需配备两个边长或直径约 80mm、厚度 4～

5mm 的玻璃板，凡与水泥净浆接触的玻璃板和雷氏夹内表面都要稍稍涂上一层油。将预先准备好的雷氏夹放在已稍擦油的玻璃板上，并立即将已制好的标准稠度净浆一次装满雷氏夹，装浆时一只手轻扶雷氏夹，另一只手用宽约 10mm 的小刀轻轻插捣；然后抹平，盖上稍涂油的玻璃板；接着立即将试件移至湿气养护箱内养护 20～24h。

502. 如何定义水泥的水化放热阶段？

水泥的水化反应是指水泥、骨料和水之间的一系列化学反应。影响水泥水化反应的因素有很多，主要因素是材料本身，包括水泥的类型和用量。根据水泥水化放热速率与时间的关系，可将硅酸盐水泥水化分为三个阶段，即诱导期、凝结期、硬化期。

（1）诱导期：水泥加水后，立即发生急剧的化学反应，反应速率剧增，可达最大值并出现第 1 个放热高峰，而随后又降至很低。随着 Ca^{2+} 浓度的提高，相当一段时间内，水化反应速率会变得较缓慢，放热量也不大，反应几乎停止。

（2）凝结期：诱导期结束后，围绕水泥颗粒成长的凝胶体膜层破裂，致使水泥颗粒进一步水化，而使水化反应速度加快，所以放热量也很快增加，出现第 2 个放热高峰。此时水泥浆失去可塑性，开始凝结。

（3）硬化期：水泥终凝后出现第 3 个放热高峰，这一阶段中，各种水化产物数量增加，孔隙减少，水泥放热速率下降，颗粒、浆体与骨料间相黏结，强度提高。

503. 合理的水泥颗粒级配对混凝土的和易性有哪些有利影响？

合理的颗粒级配既能保证水泥浆体具有较小的孔隙率，又能保证水泥颗粒具有合适的比表面积，使硅酸盐水泥具有适宜的标准稠度用水量（一般在 23%～31% 之间）。因此，颗粒级配合理的水泥在配制混凝土时，对混凝土的流动性、黏聚性和保水性都是有利的。

在组成水泥的所有颗粒中，3～30μm 的颗粒对水泥强度增长起主导作用。在此范围内各粒级的分布应是连续的，且总的含量不应低于 65%，16～24μm 之间的颗粒对水泥强度的影响更为重要，其含量越多越好。小于 3μm 的细颗粒的水化速度很快，有的甚至在搅拌过程中就已经完成，所以这些细颗粒仅对水泥的早期强度有利。30～60μm 的颗粒的水化程度较低，而大于 60μm 的粗颗粒的活性很小，水化作用甚微，仅起填料作用；当水泥颗粒组成中 0～10μm 的细粉颗粒含量较多时，水泥的水化速率相对加快，水化产物生成迅速，浆体硬化快，凝结时间相应变短，同时需水量也随之增加；不同颗粒直径、颗粒间搭接绞合以及摩擦阻力不同，生成的水泥产物相互间搭接绞合及黏附力也不同，凝结时间也不同。当水泥颗粒组成中小于 1μm 的细粉颗粒含量过多、尤其达到 10% 以上时，水泥的施工性能将变差，大于 38μm 颗粒含量增加时，水泥泌水率将增加。

504. 磨制水泥时，为什么加入矿物材料？

磨制水泥时，加入矿物材料的原因包括：

（1）调节水泥强度等级；增加水泥产量；改善水泥的和易性。

（2）水泥浆体的扩展度随硅灰掺量的增加而降低，黏度值也随硅灰掺量的增加而降低。这是由于硅灰的细度比较大，其比表面积远远大于水泥，可以吸附大量的水和减水剂，并通过搅拌使水和减水剂均匀地分布在浆体中。硅灰掺量少时可以起到润滑作用，但当掺量较多时，会吸附较多的水和减水剂，减少水泥颗粒间的水分子和减水剂分子，使水泥颗粒间的润滑作用下降，滑动阻力增加。相同水胶比条件下，硅灰掺量越多，浆体扩展度越小、黏度值越大，也就是说较大量的硅灰代替水泥将会增大浆体的用水量。

（3）粉煤灰掺量在20%左右时，扩展度和黏度值变化不明显，这是由于粉煤灰的主要成分是直径以微米计的实心和中空玻璃微珠。粉煤灰颗粒的水化活性较低，水分在初期基本上不参加水化反应，而且粉煤灰的球形形状可以使其具有滚珠效应，使水泥颗粒之间的黏聚力减弱，从而增加了浆体的流动性；此外，粉煤灰中由于含有碳和中空玻璃微珠，会吸附水和减水剂，两者共同作用使得水泥浆体的流变参数随粉煤灰掺量不同的变化并不明显。当粉煤灰的掺量超过20%时，扩展度明显减小，黏度值明显增大，这是由于粉煤灰中含碳量较大，吸附了大量的减水剂和水，粉煤灰的滚珠效应不明显，导致水泥颗粒吸附的水分子和减水剂分子减少，增加了水泥颗粒之间的摩擦阻力。在水灰比不变的条件下，水泥浆体中粉煤灰掺量的增加会增加浆体的黏度值，减小扩展度，掺量越多，影响就越大。另外，掺入粉煤灰还可以改善水泥浆体的泌水现象。

（4）随普通矿粉掺量的增加，水泥浆体扩展度增大，黏度下降。由于普通矿粉颗粒比较大，比表面积较小，吸附能力比水泥颗粒小。普通矿粉替代等量水泥时，水泥颗粒可以吸附较多的水和减水剂，增加了水泥颗粒的润滑作用，在同水灰比、同减水剂掺量的条件下，普通矿粉掺量越多，浆体扩展度越大，黏度越小。

505. 判定一份水泥样品安定性合格的标准是什么？

试饼表面无裂缝（龟裂）、用钢直尺检查无弯曲（无翘曲）。（标准法是雷氏夹法）

水泥安定性是指水泥在凝结硬化过程中体积变化的均匀性。体积变化不均匀，即为安定性不良或称安定性不合格。安定性不良会使水泥制品或混凝土构件产生膨胀性裂缝，降低建筑物的质量，甚至引起严重事故。根据专家研究结果，引起水泥安定性不良的原因主要有以下三种：①熟料中所含的游离氧化钙过多；②熟料中所含的游离氧化镁过多；③掺入的石膏过多。这几种原因都会导致水泥硬化后出现不均匀的体积变化，使水泥石开裂。因此，国家标准规定："水泥安定性经雷氏夹法检验必须合格"。

雷氏夹法：测量试件指针尖端间的距离（C），精确到0.5mm，当两个试件沸煮后指针尖间增加的距离（C－A）的平均值不大于5.0mm时，即为安定性合格，否则为不合格。当两个试件的（C－A）值相差超过4mm时，应用同一样品立即重做一次试验。试验结果差值如再次超过4mm时，则判定该水泥安定性不合格。

506. 请简述水泥细度的定义及其影响。

水泥细度是指水泥颗粒总体的粗细程度。水泥颗粒越细，与水发生反应的表面积越大，水化反应速度越快，而且越完全，早期强度也越高，但是在空气中硬化收缩性较大，粉磨成本也较高。如水泥颗粒过粗，则不利于水泥活性的发挥。一般认为，水泥颗粒小于$40\mu m$时，具有较高的活性；大于$100\mu m$时，活性较小，所以，生产中必须合理控制水泥细度。《通用硅酸盐水泥》（GB 175—2007）标准中规定："矿渣硅酸盐水泥、火山灰质硅酸盐水泥、粉煤灰硅酸盐水泥和复合硅酸盐水泥的细度以筛余表示，其$80\mu m$方孔筛筛余不大于10%或$45\mu m$方孔筛筛余不大于30%"。水泥细度的检测数据可以用来调整水泥的粉磨工艺参数，进而控制所生产水泥产品的质量，改善水泥的各项性能。

507. 检测一组普通硅酸盐水泥的比表面积，已知所用勃氏仪的试料层体积 $V=1.898cm^3$，$S_s=3080cm^2/g$，$\rho_s=3.17g/cm^3$，$T_s=60.9s$，$\varepsilon_s=0.5$，$t_s=26.0℃$，所测水泥的密度 $\rho=3.03g/cm^3$，选用的空隙率 $\varepsilon=0.53$，求制备试料层所需的试样量 m。

如透气试验后，所得的检测数据如下：第一次透气试验 $T_1=48.0s$，$t_1=20.0℃$；第二次透气试验 $T_2=48.4s$，$t_2=20.0℃$，求该水泥的比表面积 S。（在 20.0℃时，空气黏度 $\eta=0.0001808Pa·S$；在 26.0℃时，空气黏度 $\eta=0.0001837Pa·S$）

$$m=\rho V(1-\varepsilon)=3.03×1.898×(1-0.53)=2.703g$$
$$S=(S_1+S_2)/2=3360cm^2/g=336m^2/kg$$

508. 检测一组硅酸盐水泥的比表面积，已知所用勃氏仪的试料层体积 $V=1.890cm^3$，$S_s=3080cm^2/g$，$\rho_s=3.17g/cm^3$，$T_s=60.9s$，$\varepsilon_s=0.5$，$t_s=26.0℃$，所测水泥的密度 $\rho=3.15g/cm^3$，选用的空隙率 $\varepsilon=0.50$，求制备试料层所需的试样量 m。

如透气试验后，所得的检测数据如下：第一次透气试验 $T_1=69.9s$，$t_1=20.0℃$；第二次透气试验 $T_2=49.4s$，$t_2=20.0℃$，求该水泥的比表面积 S。（在 20.0℃时，空气黏度 $\eta=0.0001808Pa·S$；在 26.0℃时，空气黏度 $\eta=0.0001837Pa·S$）

$$m=\rho V(1-\varepsilon)=3.15×1.890×(1-0.53)=2.977g$$
$$S=(S_1+S_2)/2=3480cm^2/g$$

2.5.2 砂基础知识与检验

509. 如何选择对提高混凝土的强度和耐久性有利的细骨料？

一般要求选用强度较高、坚固性较好、体积稳定性强、有害杂质含量较低、粗细程度及级配合理的机制砂（天然砂）作为细骨料，对提高混凝土的强度和耐久性有利。在当前骨料种类繁多的情况下，在考虑原材料性能及综合利用多种配合比设计方法的基础上，对混凝土配合比进行优化尤为必要。通过对多种骨料的混配，改善骨料体系的级配、细粉含量，可以降低混凝土的用水量，提高其和易性及耐久性，使其经济性得到提升。颗粒级配是骨料的一个重要特性，对混凝土的工作性能有着显著影响。级配良好的骨料不同粒径的颗粒组合优良，具有较低的空隙率，配制的混凝土不仅工作性好，而且还能降低用水量和胶材用量，提高经济性的同时，还能降低干缩开裂的风险。根据骨料颗粒的分布特点，骨料级配可以分为连续级配、间断级配和连续开级配。连续级配的骨料其颗粒大小连续分布，在各粒径级别上的比例适当，一般建筑工程中所用的混凝土多采用连续级配骨料。间断级配骨料相对于连续级配，缺失某几个粒径级别的颗粒，其颗粒粒径比例分布悬殊，配制的混凝土易离析，在建筑工程中一般不使用，但可用于生产透水混凝土等特种混凝土。连续开级配骨料颗粒分布范围较小，表现为在数个粒径级别上以连续分布的形式出现，多应用于沥青混合料结构。良好的骨料级配要求粗细骨料的比例适当，各粒级骨料含量合理，既不过多，也不过少。增加粗骨料能够降低混凝土的干缩，但会使混凝土砂浆的微裂缝增加。较大的砂率会增加混凝土胶材用量，造成拌和物过于黏稠,影响混凝土的可泵性,还会造成一系列的耐久性问题。骨料的最大粒径对混凝土性能也有一定的影响。有学者使用不同最大粒径的骨料按照相同的配合比配制了若干组混凝土,对其抗压强度进行了检测。试验结果显示,混凝土抗压强度随着最大粒径的增大而增加。还有学者对粗骨料最大粒径对混凝土抗折强度的影响进行了试验研究。研究结果显示混凝土抗折强度受粗骨料最大粒径的影响比较敏感,当最大粒径从5mm增加至31.5mm时,混凝土抗折强度呈现出了先增加后减少的规律。无腹筋梁的抗剪承载力随着骨料粒径的增大而增加。对于水胶比不同的混凝土,最大粒径对混凝土强度影响的规律并不相同。对于低等级的混凝土,石子最大粒径对混凝土抗压强度几乎毫无影响,而对于高强度的混凝土,混凝土的抗压强度则随着石子粒径的增大而降低。目前相关标准、规范及研究人员普遍推荐,对于高强度及高流动性的混凝土,需要采用最大粒径较小的粗骨料。对于C60以上混凝土,骨料最大粒径不宜大于20mm,日本则建议高强混凝土骨料最大粒径不大于10mm,我国《高强混凝土应用技术规程》(JGJ/T 281—2012)也规定骨料最大粒径不宜大于25mm。

510. 如何选择适合配料混凝土的机制砂级配区间和细度模数?

(1) Ⅰ区的砂级配较粗,保水能力差,宜配制富混凝土和低流动性混凝土。

(2) Ⅱ区的砂为中砂级配,配制普通混凝土较适宜。

(3) Ⅲ区的砂级配较细,用它配制的混合料黏性稍大、保水较好,但混凝土干缩性较大、表面易产生细微裂缝。机制砂的细度模数为2.4~3.0为好。

511. 为什么机制砂混凝土适合选用Ⅱ区中砂?

Ⅱ区中砂中含有较多的粗颗粒砂,并且含有适量的中颗粒及少量的细颗粒填充其间隙,使机制砂具有较小的空隙率和总表面积,可以达到减少水泥用量、提高混凝土的密实度和强度的目的。

512. 简述机制砂混凝土配比设计的一般原则。

机制砂混凝土配合比设计应根据混凝土的强度等级、施工性能、长期性能和耐久性等要求,在满足工程设计和施工要求的条件下,遵循低水泥用量、低用水量和低收缩性的原则,按现行行业标准《普通混凝土配合比设计规程》(JGJ 55—2011)的规定进行。

513. 为什么机制砂石粉能够改善混凝土的工作性?

机制砂中的石粉填充了大颗粒之间的空隙,在骨料体系内能够起一定的润滑作用,在不含泥土的情况下,机制砂中石粉含量介于5%~10%之间时,用水量不必增加太多也可保持其工作性。

514. 机制砂混凝土拌和物工作性的基本技术要求是什么?

机制砂混凝土拌和物工作性能的好坏是决定混凝土质量的重要因素之一,因此、在配制机制砂混凝土时应主要调整拌和物的黏聚性、保水性和流动性,使之不离析、不泌水。

515. 再生骨料有什么特点?

再生骨料颗粒棱角多、表面粗糙;组分中含有硬化水泥砂浆,加上原料来源主要是废弃混凝土,因此其内部结构微裂纹多,具有孔隙率大、吸水率大、堆积密度小、空隙率大、压碎指标高等特点。再生骨料在施工过程中容易出现老化或者破坏，以及在解体和破碎时存在损伤累积的现象，会导致再生混凝土的抗压强度大大降低，但是与普通混凝土相比，所降低的程度却存在差异。这主要是因为再生骨料的配比、种类、试验方法以及养护等因素存在明显的差异性，使再生骨料混凝土的抗压强度不够稳定。对于再生混凝土耐久性产生影响最为明显的一个因素就是污染物，一些污染物的存在会促使混凝土出现有害的反应，大大降低了混凝土的使用年限。另一个重要的因素就是旧混凝土在经过有害反应时所产生的危害程度，因为该危害因素可能会在新的混凝土中存在。除此之外，再生混凝土中一般会黏附着砂浆，这就会导致再生混凝土的渗透性与吸水率大大增强，对其耐久性造成影响。但也正是由于再生骨料的表面易黏附水泥砂浆，使再生骨料和新水泥砂浆间的弹性模量减小，界面的结合得到加强。此外，由于再生骨料的表面存在一些裂缝，易吸附一些水泥颗粒，导致接触部位的水化更加彻底，促使界面结构更加紧密。

516. 叙述砂的表观密度试验步骤及计算公式。

答案一（标准法）：

（1）将缩分后不少于650g的样品装入浅盘，在温度为（105±5）℃的烘箱中烘干至恒重，并在干燥器内冷却至室温。

（2）称取烘干的试样300g（m_0），装入盛有半瓶冷开水的容量瓶中。摇转容量瓶使试样在水中充分搅动以排除气泡，塞紧瓶塞，静置24h；然后用滴管加水至瓶颈刻度线平齐，再塞紧瓶塞，擦干瓶外壁的水分，称其质量（m_1）。

（3）倒出容量瓶中的水和试样，将瓶的内外壁洗净，再向瓶内加入与水温相差不超过2℃的冷开水至瓶颈刻度线。塞紧瓶塞，擦干瓶外壁水分，称其质量（m_2）。

（4）表观密度应按下式计算，精确至$10kg/m^3$：

$$\rho = \left(\frac{m_0}{m_0 + m_2 - m_1} - \alpha_t\right) \times 1000$$

式中　α_t——水温对砂表观密度影响的修正系数。

以两次试验结果的算术平均值作为测定值。当两次结果之差大于$20kg/m^3$，应重新取样进行试验。

答案二（简易法）：

（1）将样品缩分至不少于120g，在（105±5）℃的烘箱中烘干至恒重，并在干燥器内冷却至室温，分成大致相等的两份备用；

（2）向李氏比重瓶中注入冷开水至一定刻度处，擦干瓶颈内部附着水，记录水的体积（V_1）；

（3）称取烘干试样50g（m_0），徐徐装入盛水的李氏比重瓶中；

（4）试样全部倒入瓶中后，用瓶内的水将黏附在瓶颈和瓶壁的试样洗入水中，摇转李氏比重瓶以排除气泡，静置约24h后，记录瓶中水面升高后的体积（V_2）；

（5）表观密度应按下式计算精确至$10kg/m^3$：

$$\rho = \left(\frac{m_0}{V_2 - V_1} - \alpha_t\right) \times 1000$$

式中 α_t——水温对砂表观密度影响的修正系数。

以两次试验结果的算术平均值作为测定值。当两次结果之差大于 $20kg/m^3$，应重新取样进行试验。

517. 在一次砂筛分试验中，公称直径 5.00mm、2.50mm、1.25mm、0.630mm、0.315mm、0.160mm 各方孔筛上的累计筛余分别是 $\beta_1=4.2\%$，$\beta_2=15.2\%$，$\beta_3=30.6\%$，$\beta_4=57.0\%$，$\beta_5=92.2\%$，$\beta_6=98.2\%$。计算砂的细度模数。

砂的细度模数：$\mu_f = (15.2+30.6+57.0+92.2+98.2-5\times4.2) \div (100-4.2) = 2.84$

518. 称取堆积密度为 $1420kg/m^3$ 的烘干的砂分别为 300g，装入盛有半瓶冷开水的容量瓶中，摇转容量瓶充分排除气泡静置 24 小时后，加冷开水至瓶颈刻度线平齐，塞紧瓶塞，擦干容量瓶外水分，称其质量分别为 826g 和 847g。已知空容量瓶加冷开水至瓶颈刻度线且塞紧瓶塞时质量分别为 640g、660g，且水温对砂的表观密度的影响的修正系数为 0.004，则该砂的表观密度是多少？空隙率是多少？

两份砂的表观密度分别为：
$$[300 \div (300+640-826) - 0.004] \times 1000 = 2630kg/m^3$$
$$[300 \div (300+660-847) - 0.004] \times 1000 = 2650kg/m^3$$

两次试验结果之差不大于 $20kg/m^3$，故该砂的表观密度应取两次试验结果的算术平均值，即

$$(2630+2650) \div 2 = 2640kg/m^3$$
$$计算该砂的空隙率 = (1-1420\div2640) \times 100\% = 46\%$$

519. 有份砂试样，已测得砂的表观密度为 $2640kg/m^3$；进行堆积密度试验的结果如下：容量筒质量为 0.695kg，容积为 1.01L；第一次试验测得容量筒和试样共重 2.145kg，第二次试验测得容量筒和试样共重 2.140kg；请计算该砂的堆积密度及空隙率。

（1）堆积密度分别为：
$$\rho_{L1} = (2.145-0.695) \div 1.01 \times 1000 = 1440kg/m^3$$
$$\rho_{L2} = (2.140-0.695) \div 1.01 \times 1000 = 1430kg/m^3$$
$$平均值：\rho_L = (1440+1430) \div 2 = 1435kg/m^3$$

（2）空隙率 $(1-1440\div2640) \times 100\% = 45\%$

所以堆积密度为 $1435kg/m^3$，空隙率为 45%。

520. 含水率为 5% 的湿砂的质量为 220.0g，将其干燥后，砂的质量是多少？（精确到 0.1g）

干燥后砂的质量为：
$$220.0 \div (1+5\%) = 209.5g$$

故干燥后砂的重量是 209.5g

521. 含水率为 6% 的湿砂的质量为 100.0g，其中所含水的质量为多少？（精确到 0.1g）

水的质量：$100.0 - [100.0 \div (1+6\%)] = 5.7g$

所含水的质量为 5.7g。

522. 砂中含泥量试验（标准法）中，准确称取两份试样各 400g，试验后干燥试样分别为 393.5g 和 392.2g，求砂中含泥量。

两份试样含泥量分别为：

$$\omega_{c1} = (400 - 393.5) \div 400 \times 100\% = 1.6\%$$

$$\omega_{c2} = (400 - 392.2) \div 400 \times 100\% = 2.0\%$$

两次结果之差 $2.0\% - 1.6\% = 0.4\% < 0.5\%$，试验有效，应取两次试验结果的算术平均值，

所以该砂中含泥量 $\omega_c = (1.6\% + 2.0\%) \div 2 = 1.8\%$。

523. 砂的泥块含量试验中，准确称取两份试样各 200g，试验后干燥试样分别为 198.4g 和 198.8g，求砂的泥块含量。

两份试样泥块含量分别为：

$$\omega_{c,L1} = (200 - 198.4) \div 200 \times 100\% = 0.8\%$$
$$\omega_{c,L2} = (200 - 198.8) \div 200 \times 100\% = 0.6\%$$

该砂的泥块含量 $\omega_{c,L} = (0.8\% + 0.6\%) \div 2 = 0.7\%$。

2.5.3 碎石基础知识与检验

524. 某一试验员在做普通混凝土用碎石的泥块含量试验时，试验步骤如下：①将样品缩分至略大于标准规定的量，缩分时应防止黏土块被压碎。缩分后的试样风干后分成两份备用。②先筛去公称粒径 10.0mm 以下的颗粒，称取质量；③然后将试样在容器中摊平，加入饮用水并用手碾碎泥块，然后把试样放在 2.50mm 的圆孔筛上摇动淘洗，直到洗出的水清澈为止。将筛上的试样小心地从筛里取出，置于（105±5）℃烘箱中烘至恒重。④取出后立即称取质量。问题：该检测人员的做法是否正确？如果不正确，请指出错误，并写出正确做法。

此做法不正确。

错误一：第①条中"缩分后的试样风干后分成两份备用"。

正确做法：缩分后的试样应在（105±5）℃烘箱内烘干至恒重，冷却至室温后分成两份备用。

错误二：第②条中"先筛去工程粒径 10.0mm 以下的颗粒"。

正确做法：先筛去工程粒径 5.00mm 以下的颗粒。

错误三：第③条中"加入饮用水并用手碾碎泥块，然后把试样放在 2.50mm 的圆孔筛上摇动淘洗"。

正确做法：加入饮用水使水面高出试样表面，24h 后把水放出，用手碾碎泥块，然后将试样放在 2.50mm 的方孔筛上摇动淘洗。

错误四：第④条中"取出后立即称取质量"。

正确做法：取出冷却至室温后称取质量。

525. 砂石质量参数检验中，当其检验项目存在不合格时，是否应加倍取样进行复试？应如何进行？

砂石质量参数检验项目中，除筛分外，当其检验项目存在不合格时，应加倍取样进行复试。

每验收批取样方法应按下列规定执行：

（1）在料堆上取样时，取样部位应均匀分布。取样前先将取样部位表层铲除。

砂子由各部位抽取大致相等的 8 份，组成一组样品。对于石子由各部位抽取大致相等的 15 份（在料堆的顶部、中部和底部各由均匀分布的 5 个不同部分取得）组成一组样品。

（2）从皮带运输机上取样时，应从机尾的出料处用接料器定时抽取，砂为 4 份，石子为 8 份，分别组成一组样品。

（3）从火车、汽车、货船上取样时，应从不同部位和深度抽取大致相等的砂 8 份，石子 16 份，分别组成一组样品。

（4）若检验不合格时，应重新取样。对不合格项进行加倍复验，若仍有一个试样不能满足标准要求，应按不合格处理。

（5）取样数量对于砂子，一般为 30kg，对于石子，一般为 100～120kg。

（6）对所取样品应妥善包装，避免细料散失及防止污染。并附样品卡片，标明样品的编号、名称、取样时间、产地、规格、样品量、要求检验的项目、取样方式等。

526. 对于有抗冻、抗渗或其他特殊要求的混凝土，其所用碎石或卵石的含泥量有何要求？

对于有抗冻、抗渗或其他特殊要求的混凝土，其所用碎石或卵石的含泥量不应大于 1.0%。

527. 石的泥块含量是什么？

石的泥块含量是指石中公称粒径大于 5.00mm，经水洗、手捏后变成小于 2.50mm 的颗粒的含量。

528. 骨料在自然堆积状态下单位体积的质量，是指哪种密度？

骨料在自然堆积状态下单位体积的质量指的是堆积密度。

529. 简述砂石验收批的划分方法。

应按同产地、同规格分批验收。采用大型工具运输（如火车、货船或汽车）的，以 400m³ 或 600t 为一验收批，采用小型工具（如拖拉机等），应以 200m³ 或 300t 为一验收批。不足上述量者，应按一验收批进行验收。当砂石的质量比较稳定、进货量又较大时，可以 1000t 为一验收批。

530. 每验收批砂石至少应进行哪些检验？对于碎石或卵石、海砂、人工砂及混合砂，还分别需检验哪些指标？

每验收批砂石至少应进行颗粒级配、含泥量、泥块含量检验。

对于碎石或卵石，还需检验针片状颗粒含量；对于海砂，还需检验氯离子含量和贝壳含量；对于人工砂及混合砂，还需检验石粉含量。

531. 有一份碎石试样，已测得表观密度为 2620kg/m³；进行堆积密度试验的结果如下：第一次试验测得容量筒和试样共重为 31.50kg，第二次试验测得容量筒和试样共重为 31.30kg，已知容量筒重：2.85kg，容积：20L；请计算堆积密度及空隙率。

两次试验的堆积密度分别为：

$$\rho_{L1} = (31.50-2.85) \div 20 \times 1000 = 1430 kg/m^3$$
$$\rho_{L2} = (31.30-2.85) \div 20 \times 1000 = 1420 kg/m^3$$

两次试验结果之差 $1430-1420=10kg/m^3 < 20kg/m^3$，故该碎石的堆积密度应取两次试验结果的算术平均值，即

两次试验的堆积密度结果的算术平均值：$\rho_L = (1430+1420) \div 2 = 1420 kg/m^3$，

空隙率：$(1-1420 \div 2620) \times 100\% = 46\%$。

得出堆积密度为 1420kg/m³；空隙率为 46%。

532. 碎石的泥块含量试验中，准确称取两份试样各 5000g，试验后干燥试样分别为 4991g 和 4985g，求该碎石的泥块含量。

两份试样的泥块含量分别为：

$$\omega_{cL1} = (5000-4991) \div 5000 \times 100\% = 0.2\%$$
$$\omega_{cL2} = (5000-4985) \div 5000 \times 100\% = 0.3\%$$

两次结果之差为 $0.3\%-0.27=1\% \leqslant 0.27$，试验有效应取两次试验结果的算术平均值，

得出该砂的泥块含量 $\omega_{cL} = (0.2\%+0.3\%) \div 2 = 0.25\%$。

2.5.4 外加剂基础知识

533. 分析掺用外加剂的新拌混凝土出现粘罐现象（搅拌机筒壁沾灰；出机料不均，发黏；流动性有，但无法翻拌；粘在筒壁和吊斗壁上不易铲下）的原因及对策。

出现粘罐现象的原因有：

（1）滚筒式搅拌机轴径比过于接近，设计不合理；
（2）水泥用量过大；
（3）高效非引气型减水剂用量过大；
（4）使用了硫铝酸盐水泥。

对策：

（1）改用轴径比较大的搅拌机或用强制式的搅拌机；
（2）适当降低水泥用量；
（3）加入适量引气剂或引气型减水剂；尽可能则减少高效减水剂用量；
（4）及时清除剩余混凝土。

534. 混凝土引气剂和引气减水剂如何在工程中使用？有何使用要点？

引气剂及引气减水剂进入工地（或混凝土搅拌站）的检验项目应包括：pH 值、密度（或细度）、含气量、引气减水剂应增测减水率，符合要求方可入库使用。

使用引水剂或引气减水剂应注意：

（1）抗冻性要求高的混凝土，必须掺引气剂或引气减水剂，其掺量应根据混凝土的含气量要求，通过试验确定。

（2）引气剂及引气减水剂，宜以溶液掺加，使用时加入拌和水中，溶液中的水量应从拌和水中减掉。

（3）引气剂及引气减水剂配制溶液时，必须充分溶解后方可使用。

（4）引气剂可与减水剂、早强剂、缓凝剂、防冻剂复合使用。配制溶液时，如产生絮凝或沉淀等现象，应分别配制溶液并分别加入搅拌机内。

（5）施工时，应严格控制混凝土的含气量。当材料、配合比或施工条件变化时，应相应增减引气剂或引气减水剂的掺量。

535. 试列举常见的外加剂掺加方法。

（1）先掺法：先将外加剂与水泥搅拌均匀，然后加入骨料，与水进行搅拌。

（2）后掺法：先加水搅拌混凝土，再加外加剂，并进行搅拌。

（3）同掺法：将粉剂和混凝土与水进行混合；或将外加剂先与水混合，再与其他材料混合。同掺法过程是优先水化，同时加外加剂，会在水泥颗粒表面吸附，快速干化。

（4）分次加入法：即常见的在运输途中或搅拌时，将外加剂分批、分量与混凝土混合，保证它们在一定的数值上。

536. 剪力墙或柱等竖向结构，上表面出现一层砂浆层或泡沫层，无粗骨料。试分析原因并提出改进意见。

原因：

聚羧酸减水剂掺量大，且含气量大；

聚羧酸和水泥助磨剂发生化学反应，产生气泡；

混凝土过振浆体上浮，骨料下沉，混凝土出现离析、分层，表层浆体多，伴有大量气泡，硬化后形成无强度的泡沫层。

建议：

聚羧酸减水剂在生产过程中会使母体含有一定的引气性，应采用"先消，后引"工艺。

使用聚羧酸减水剂前要测定混凝土含气量，观察混凝土拌和物状态，根据实际情况调整混凝土配合比或调整外加剂性能。

使用聚羧酸减水剂时，应加强用水量和掺量的控制，防止混凝土拌和物出现离析、分层现象。

537. 简要介绍液体脂肪族减水剂的性能特点。

（1）外观为棕红色的液体；固体含量>35%；比重1.15～1.2；

（2）减水率高。掺量1%～2%，减水率可达15%～25%，在同等坍落度条件下，掺脂肪族高效减水剂可节约25%～30%的水泥用量；

（3）早强、增强效果明显。混凝土掺入脂肪族高效减水剂（粉），三天可达到设计强度的60%～70%，七天可达到100%；

(4) 高保塑。混凝土坍落度经时损失小，30min 基本不损失，90min 损失 10~20%；

(5) 对水泥的适用性广泛，和易性、黏聚性好；

(6) 与其他各类外加剂配伍良好；

(7) 能显著提高混凝土的抗冻融、抗渗、抗硫酸盐侵蚀，并全面提高混凝土的其他物理性能；

(8) 脂肪族高效减水剂（粉）无毒，不燃，不腐蚀钢筋，冬季无硫酸钠结晶；

(9) 价格比聚羧酸系减水剂略低，经济性好。

538. 请简述混凝土坍落度及坍落度 1 小时经时变化量试验的测定方法。

每批混凝土取一个试样。坍落度和坍落度 1 小时经时变化量均以三次试验结果的平均值表示。三次试验的最大值和最小值与中间值之差有一个超过 10mm 时，将最大值和最小值一并舍去，取中间值作为该批的试验结果；最大值和最小值与中间值之差均超过 10mm 时，则应重做。坍落度及坍落度 1 小时经时变化量测定值以 mm 表示，结果表达修约到 5mm。

539. 脂肪族磺酸盐系高效减水剂有什么优缺点？

脂肪族磺酸盐系高效减水剂憎水基主链为脂肪族烃类，是高分子合成的羰基焦醛。该减水剂外观为棕红色液体，固含量大于 35%，掺量为 0.5%~2%，减水率达 15%~25%。脂肪族磺酸盐系高效减水剂对不同种类的水泥有较好的适应性，通过合成原料的改变和工艺的调整，混凝土染色和坍落度损失大的问题已得到明显改善。

脂肪族磺酸盐系高效减水剂硫酸钠含量低（<1%），掺量小（0.5%~2%），含碱量低（<5%），与水泥的适应性及其他减水剂的相容性较好，低温下强度发展快，早强效果好，3d 达 60%~70%，7d 达 100%，28d 比空白高 30%~40%。但掺量不足时坍落度损失加大，凝结时间缩短。

540. 泵送剂和减水剂有什么不同？

泵送剂中主要含有减水组分，它的作用是在用水量不减少（即水胶比不增大）的情况下使混凝土的坍落度增大。减水剂只有减水功能，掺入混凝土中一般几十分钟后流动性就会损失掉。预拌混凝土要用运输车将其远距离输送到工地，还要用泵将其送入模板中，故要求混凝土在一定时间内有较高的流动性、保塑性，因此需加入缓凝剂使混凝土的流动性保持 1~2h 不降低。有时还要根据客户需要加入一些具有引气、早强、防冻等功能的外加剂，因此泵送剂是减水剂或高效减水剂与缓凝剂等外加剂复合而成的一种外加剂。市场上存在以聚羧酸系减水剂为主要组分复配而成的所谓高性能泵送剂。这类泵送剂减水率高，坍落度保持性较好，适于配制高强度等级、大坍落度、自流平、高泵程、高耐久性的混凝土。但是，这类泵送剂在实际应用中也常常表现出一些匪夷所思的怪现象，导致了很多工程事故，反映出聚羧酸系减水剂本身的合成技术、该类泵送剂的复配技术以及工程应用技术等方面存在严重不足。另外，缓凝剂、引气剂和保水剂也常常成为泵送剂的组分之一。商品混凝土因远距离运输的需要，常需要尽可能延缓其坍落度损失，大体积混凝土或夏季高温施工工程更是如此，因此必须添加缓凝剂。适当的含气量可以减少混凝土泵送过程中的泵送阻力，防止混凝土泌水、离析，又可以改善混凝土抗冻融循环破坏的能力。保水剂的作用是增加混凝土拌和物的黏度，使混凝土在低胶凝材料用量、大坍落度情况下不泌水、不离析。有些保水剂还兼有减水、保持坍落度等性能。

541. 什么是缓凝剂？

能延长混凝土凝结时间的外加剂称为缓凝剂。兼有缓凝和减水功能的外加剂称为缓凝减水剂。缓凝剂分为有机物和无机物两大类，少数有机缓凝剂兼有减水和塑化作用。有机缓凝剂的主要特点是使用量极少，一般为胶凝材料质量的万分之几到十万分之几，使用不当会引起混凝土或水泥浆的最终强度降低，如醇类、糖类、含羧酸（盐）基类，无机缓凝剂的主要特点是掺量大，一般为胶凝材料的千分之几。

混凝土缓凝剂是一种最常用的外加剂，其类型主要可以分为无机缓凝剂和有机缓凝剂，其中无机缓凝剂又主要包括磷酸盐类、硫酸盐类以及硅酸盐类等，而有机缓凝剂又主要包括羧酸盐类、多元醇类以及糖类物质等。缓凝剂的加入能够大幅延缓水泥水化反应的放热速度，从而避免或减缓由于水化集中放热而引起的温差效应对混凝土结构造成的损伤，并可以有效延长混凝土的凝结时间。然而，目前常用的缓凝剂通常存在缓凝时间较短、与其他外加剂的相容性较差以及对混凝土试件的抗压强度影响较大等问题，因此，研究性能更加优良、高效的新型缓凝剂具有比较重要的现实意义。多数有机缓凝剂有表面活性，它们在固-液界面上产生吸附，改变固体粒子表面性质；或是通过分子中亲水基团吸附大量水分子形成较厚的水膜层，使晶体从相互接触到屏蔽，改变了结构形成过程；或是通过其分子中的某些官能团与游离Ca^{2+}生成难溶性的钙盐吸附于矿物颗粒表面，从而抑制水泥的水化进程，起到缓凝效果。大多数无机缓凝剂能与水泥生成复盐（如钙矾石），沉淀于水泥矿物颗粒表面，抑制水泥水化。缓凝剂的机理较为复杂，通常是以上多种缓凝剂机理综合作用的结果。（缓凝剂可分为无机缓凝剂和有机缓凝剂，无机缓凝剂包括：磷酸盐、锌盐、硫酸铁、硫酸铜、硼酸盐；有机缓凝剂包括：木质素磺酸盐、多元醇、多元醇衍生物、糖类、碳水化合物。）

2.5.5 矿物掺合料基础知识与检验

542. 什么是硅灰和硅灰浆？

硅灰浆产品是解决硅灰输送和分散的另一种技术途径，将硅灰与水搅拌形成含固量40%～60%的悬浮颗粒浆体，可以像液体外加剂一样运输、输送和配料，使用方便，无粉尘污染，并可达到最好的分散效果。但生产稳定的悬浮浆体，有一定技术难度。

543. 粉煤灰若处理不当，会有什么危害？

粉煤灰是一种会对环境安全造成威胁的固体废弃物。通过粉煤灰的形成过程可知，固体颗粒随同烟气一起排向炉膛尾部，在这个过程中，烟气中大量的有毒元素和重金属元素发生聚积，其中还可能含有一小部分的放射性物质。粉煤灰在这个过程中发生熔融并变为玻璃态，不可避免地会含有这些元素。随着火力发电总量的增加，我国粉煤灰的年排放量逐年增加，数量巨大，一些粉煤灰尚未得到利用。如果不能妥善处理大量累积的粉煤灰，将会对环境造成不利影响。其危害主要体现在以下四个方面。

(1) 土壤污染。为了解决每年产生的大量粉煤灰，我国需要用大量土地来进行堆存或者填埋处理。数据表明，我国每年会用 27000km² 的土地堆存或者填埋这种固体废物。这些土地不再用于农业生产，也不能作为其他用途使用，只作为粉煤灰的储存地，失去了其价值和经济性，是一种资源上的浪费。此外，进一步考虑时间的流逝和雨水的冲淋，粉煤灰中的有毒有害物质还可能会渗到地下，破坏原本土壤的元素组成、质地类型和结构层次等。

(2) 水体污染。粉煤灰主要通过两种方式污染水体。其一，大量粉煤灰通过电厂湿法处理后直接排放，而部分储存在灰厂的粉煤灰可能会在风力作用下在空中扩散，落入附近的湖河中形成沉淀物，造成水体的直接污染，破坏生态。其二，粉煤灰颗粒及本身含有的有害物质会在雨水的冲淋作用下渗入储灰厂周边的浅层地下水和地表水中，造成水质恶化以及水生生态系统稳定性的破坏，导致严重的污染。

(3) 大气污染。粉煤灰的颗粒直径一般在微米级，径小质轻，因此风一吹便会使粉煤灰悬浮在空中。当风强度大于四级时，粉煤灰可飘扬 20 多米，最高甚至能达到 50米。这将直接造成环境能见度降低和空气质量变差，甚至可能会导致区域性空气重度污染。

(4) 人体健康。粉煤灰中的一些有毒有害物质能够向外辐射能量、发出射线，这些物质如果没有得到妥善处理，最终会通过土壤、水、空气和其他介质进入人体。人们长期食用在受污染土壤中生长的蔬菜，饮用含有害有毒元素的水，呼吸被污染的空气，将会对身体健康造成很大的危害。

544. 哪些理化特征影响了矿渣的活性？

矿渣的活性取决于它的化学成分、矿物组成和粉细度。若矿渣中 CaO、Al_2O_3 含量高，SiO_2 含量低时，矿渣活性高。通常矿渣粉越细，比表面积越大，其活性越高。

在混凝土中加入工业废渣部分替代水泥是被大众广泛认可的可行方法。不仅降低了水泥的用量，而且某些工业废渣可以充当水泥的辅助胶凝材料使用，与水泥的水化产物继续发生反应形成二次水化产物，提升了水泥石的密实度，进而提高了混凝土的多方面性能和延长了混凝土的服役时间。高炉矿渣粉是一种常见的应用于混凝土中的辅助胶凝材料，它是冶炼金属过程中从高炉排出的一种废渣，由石灰和铁矿石在高温熔融状态下反应后再经冷却而形成。矿渣的冷却方式分为缓慢的空气冷却和快速的水淬冷却两种方式。

研究表明，缓慢冷却的矿渣中主要成分为 $Ca-Si-Al-Mg$ 形成的结构较为稳定的钙黄长石和镁黄长石的固溶体，少量的 $\beta-C_2S$ 是唯一具有胶凝活性的成分，所以结晶态的矿渣水硬胶凝活性较低，不适用于大规模应用在水泥混凝土的生产中，仅在蒸压砖、低强度建筑材料的制备中有所应用。矿渣的水淬快速冷却会保留其高温下存在的玻璃体结构，具有较强的胶凝活性，将矿渣与助磨剂混合磨成矿渣粉后可直接加入混凝土中，从而提高其力学性能与耐久性。矿渣粉主要由钙、硅、铝三种元素组成，其化学成分会随着铁矿石组成的变化而变化，并且铁矿石的冶炼温度和冷却制度对矿渣粉的性能也会有重要影响。一般认为，矿渣粉的火山灰活性随着其细度的提高而提高。粉磨时间的延长不仅提高了材料的比表面积，而且使位于边缘、棱角以及原子内的活性晶面暴露的数量增多，进而有利于提升矿渣粉的水硬活性。大量研究也发现，矿渣粉粒径在 $20\mu m$ 以上时活性会变得很差，在水泥体系中反应速度很慢；但是，当粒径降至 $2\mu m$ 以下时，矿渣粉在碱度适宜的硅酸盐水泥体系中能够在 24h 内反应完全。因此，矿渣粉粒度的调控是制备高质量矿渣水泥的关键技术参数与指标。矿渣的化学组成随炼铁方式和铁矿石种类的变化而变化，一般而言，主要成分是 CaO（30%～50%）、SiO_2（27%～42%）、Al_2O_3（5%～20%）、MgO（1%～18%）。矿渣粉的成分与硅酸盐水泥比较类似，都具有较高的钙和硅含量，在成分上具有胶凝活性潜质。矿渣粉的玻璃体含量与其水硬活性存在一定的关系。

545. 硅灰如何分类？

硅灰的主要成分为 SiO_2，同时还含有少量的氧化镁、氧化铁、碳等其他元素与杂质，而硅灰等级的划分就与它们各自的含量有关。硅灰的等级主要以 SF 表示，SF 后面的数字代表硅灰中 SiO_2 的含量占比。硅灰按其使用时的状态，可分为硅灰（代号 SF）和硅灰浆（代号 SF-S）。

546. 硅灰可作为混凝土掺合料取代水泥，它有哪些作用？

硅灰的作用主要体现在：

（1）能改善混凝土拌和物的黏聚性和保水性，可降低水化热，抑制碱—骨料反应，提高混凝土的抗侵蚀能力。尤其是混凝土中掺入硅灰后，能大幅度提高其早期和后期强度。

（2）硅灰作为一种由硅铁及工业硅冶炼过程产生的烟气经特殊的捕集装置收集而成的超细材料，因其具有高火山灰活性，被广泛应用于高性能混凝土中。硅灰能够填充水泥颗粒间的空隙，发挥火山灰效应，在促进混凝土抗压、改善耐久性方面具有良好的效果，但是在抗折强度方面效果不显著。硅灰对轻质骨料泡沫混凝土物理力学性能也具有积极作用，掺加10%的硅灰可改善其微观结构，使混凝土更加致密，从而提高混凝土的强度。保持水灰比不变，随着硅灰掺量的增加，混凝土工作性能有所下降，表现在坍落度降低，而凝结时间随着掺量的增加而缩短。硅灰较好地发挥了微骨料填充效应，在水胶比不变的情况下，随着硅灰掺量的增加，混凝土的抗氯离子扩散能力逐渐增强，当掺量为20%时，抗渗性能提高达80%。

547. 什么是钢渣？

由符合《用于水泥中的钢渣》（YB/T 022—2008）标准规定的转炉或电炉钢渣（简称钢渣），经磁选除铁处理后粉磨达到一定细度的产品。

548. 粉煤灰为什么会有放射性？

粉煤灰中的放射性物质起源于原煤。像自然界的大多数物质一样，原煤中也含有天然存在的原生放射性核素。粉煤灰生产线上的工序越多，生产出来的粉煤灰越精细，价格也会越高。一般天然放射性核素在煤中的含量低于地壳的含量，但由于火山源的反常放射性超负荷浸渍以及其他原因，某些煤层也会有高浓度的放射性核素。

我国和世界各国的比较以 ORa（Bq/kg）衡量，与近 20 个国家的煤样进行比较，将其中 4 个理想值和 4 个较低值列表，煤中放射性核素含量较理想的国家是巴西，其次是澳大利亚、南非和印度，较低值是美国怀俄明。按产量加权平均值，其他国家为41.5，我国为36。我国原煤的放射性核素量比国外稍低。

粉煤灰的放射性浓度与原煤的放射性核素含量的关系，粉煤灰的放射性浓度与煤种有一定的依存关系，放射性浓度高的原煤，其粉煤灰的放射性也高，但是，粉煤灰的放射性浓度高于其原煤的放射性浓度。

粉煤灰的放射性核素含量不仅受煤种影响，还受煤的燃烧工艺控制条件的影响。这是因为煤燃烧时使天然放射性物质部分向环境排放，引起放射性物质再分布，分布过程的多种影响因素又导致放射性核素含量的波动。

549. 矿渣粉对混凝土泌水量和泌水速度的影响主要取决于矿渣粉的哪项物理特征？有什么影响规律？

矿渣粉对混凝土工作性的影响与矿渣粉的细度关系很大。当矿渣粉比水泥细，并代替相同体积组分时，泌水减少；反之，当矿渣粉较粗时，泌水量和泌水速度可能增加。

外界普遍认为，矿渣粉中的玻璃体含量越高，水化活性越强。矿渣粉细度的提升可以有效增加其活性和反应程度。但改善矿渣粉细度也会较大程度增加其经济成本。因此，在实际生产中，物料性能与经济成本的平衡性也是制备矿渣水泥混凝土需要考虑的关键因素之一，在对矿渣水泥强度与反应性能要求较高时，粒度更小的矿渣粉显然可以有效改善上述性能。矿渣粉玻璃体是由不同的氧化物形成的向各个方向发展的空间网络，其中含有少量的黄长石晶体，属于玻璃态和极少量结晶态的混合玻璃体。玻璃体中存在着大量的钙和硅元素，其中硅元素是网络形成体，并以孤岛状的［SiO_4］四面体形式存在，呈现出较低的聚合度和较高的化学活性；钙元素是网络改变体，可起到平衡电荷的作用，不规则地分布在网络空间中。影响矿渣粉活性的因素有很多，大体上分为物理因素和化学因素。矿渣粉的粒径越小，活性越强，相同时间内的反应程度越高。矿渣粉的化学组成可以调控其玻璃体结构、元素配位数和聚合度。网络改变体含量越高，聚合度越低，矿渣粉活性越强。

550. 粉煤灰的需水比测定试验的操作步骤。

（1）原理：按《水泥胶砂流动度测定方法》（GB/T 2419—2005）测定试验胶砂和对比胶砂的流动度，二者达到规定流动度范围时的加水量之比为粉煤灰的需水比。

（2）材料：

对比水泥：符合《强度检验用水泥标准样品》（GSB 14-1510—2018）规定，或符合《通用硅酸盐水泥》（GB 175—2007）裁定的强度等级42.5的硅酸盐水泥或普通硅酸盐水泥且按下表配制的对比胶砂流动度（L_0）在145～155mm内。

试验样品：对比水泥和被检验粉煤灰按质量比7:3混合。

标准砂：符合《水泥胶砂强度检验方法（ISO法）》（GB/T 17671—2021）规定的0.5～1.0mm的中级砂。

水：洁净的淡水。

仪器设备：天平（量程不小于1000g，最小分度值不大于1g）、搅拌机（符合GB/T 17671—2021规定的行星式水泥胶砂搅拌机）、流动度跳桌（符合GB/T 2419—2005

规定)。

(3) 搅拌后的对比胶砂和试验胶砂分别按《水泥胶砂流动度测定方法》(GB/T 2419—2005)测定流动度,当试验胶砂流动度达到对比胶砂流动度[(L_0)]的±2mm时,记录此时的加水量(m);当试验胶砂施动度超出对比胶砂流动度[(L_0)的±2]mm时,重新调整加水量,直至试验胶砂流动度达到对比胶砂流动度[(L_0)]的±2mm为止。

(4) 结果计算

需水量比按下式计算,结果保留至1%:

$$X = \frac{m}{125} \times 100\%$$

式中 X——需水量比,%;

m——试验胶砂流动度达到对比胶砂流动度[(L_0)±2]mm时的加水量,单位为g;

125——对比胶砂的加水量,单位为g。

试验结果如有异议或需要仲裁检验时,对比水泥宜采用GSB 14-1510强度检验用水泥标准样品。

2.5.6 混凝土基础知识

551. 混凝土的耐久性对工程质量有什么影响?

混凝土的耐久性是指结构在可能引起其性能变化的各种作用(荷载、环境、材料内部因素等)下,在预定的使用年限和适当的维修条件下,结构能够长期抵御性能劣化的能力。

我国的工程建设一直处于高速发展阶段,但却面临着越来越严重的混凝土结构的耐久性问题,致使很多工程在远未达到设计使用年限时就不得不进行大修或者提前报废,造成了严重的经济损失。耐久性问题相当普遍,原因是多方面的。首先,设计人员普遍重强度分析,轻耐久性设计。相当数量的设计人对混凝土结构耐久性问题的严重性认识不足,致使在设计阶段就埋下了结构耐久性的隐患。其次,施工质量又非常薄弱,混凝土浇筑及养护不到位的情况时有发生。外界环境腐蚀介质对混凝土结构耐久性的影响因素主要包括:①碳化;②氯盐侵蚀;③冻融破坏;④侵蚀性介质破坏。使用环境对结构的不利影响主要是化学介质对结构的腐蚀等。内部材料因素的影响主要体现在活性材料与其他内部材料发生的缓慢化学反应,比较常见的是混凝土的碱-骨料反应。对混凝土结构耐久性产生影响的因素主要有碳化、氯盐侵蚀、冻融破坏、侵蚀性介质破坏、碱-骨料反应。

552. 混凝土发生化学收缩的原因是什么?

在硅酸盐水泥水化过程中,"水泥—水"体系的总体积随着水化反应的进行是不断减小的,即发生了化学收缩。

553. 为了控制混凝土早期开裂,应如何合理设计施工的配合比?

(1) 根据最少的水泥用量、适当的堆积密度和水胶比原则,选用适宜的材料,可以减少混凝土收缩，提高混凝土的抗裂性。

（2）适当砂率的选择对控制混凝土的裂缝有积极作用，混凝土的干燥收缩随砂率的增大而增大。

（3）减少水泥用量，水泥用量增大，而导致早期水化过快、强度较高，这些作用都加剧了混凝土早期的塑性开裂。

（4）选用中低水化热水泥。水泥细度越高，相应的水化速度也越快。中低水化热水可使水泥在拌和过程中水化热释放较小，显著减少混凝土升温，有利于降低早期开裂风险。

（5）选择合适的骨料。选用含泥量小、针片状少且级配良好的石子和细度模数合适的砂子，可有效降低骨料的空隙率，减少水泥浆的用量，达到减小收缩的目的。

（6）掺合料的选择。掺磨细矿物掺合料配制的混疑土具有一定的缓凝效果，使混凝土的早期强度降低，强度越小，则收缩值、弹模也越小，有利于减小早期开裂风险。

554. 混凝土碳化对其结构服役寿命有什么影响？

混凝土碳化：结构中的钢筋因混凝土中的氢氧化钙的碱性环境被保护而不会生锈（钝化）。但在环境中水和二氧化碳的作用下，氢氧化钙会发生化学反应，生成碳酸钙而呈中性，这种作用成为"碳化"。碳化的化学反应式为：$Ca(OH)_2 + H_2O + CO_2 \rightarrow CaCO_3 + 2H_2O$ 碳化作用使混凝土孔隙溶液中的 pH 值降低，趋于中性化，当混凝土中的 pH 降低到一定程度后，就会破坏混凝土中的钢筋钝化膜，发生碳化反应后的混凝土 pH 值在 8.5~9.0 之间。当 pH 下降到 8.5 左右，在氧气和水存在的条件下，钢筋开始锈蚀。钢筋锈蚀又将导致混凝土保护层开裂、钢筋与混凝土之间的黏结力破坏，从而降低结构的耐久性。

555. 氯盐侵蚀对结构服役寿命有什么影响？

氯盐侵蚀：氯盐腐蚀主要发生在海洋环境、内陆盐湖盐碱地环境、北方地区冬季的道路除冰盐环境及工业环境中。在有氯盐的环境中，氯离子通过孔隙和微裂缝从外部环境向混凝土内部转移，侵入方式主要有四种：①扩散作用；②毛细作用；③渗透作用；④电化学迁移。

氯离子引起钢筋的腐蚀机理：①破坏钝化膜；②形成腐蚀电池；③氯离子的阳极去极化作用；④导电作用。氯离子一旦破坏钝化膜，就会局部露出下面的本体，本体会与仍较为完好的钝化膜区域形成电位差，使本体成为阳极被腐蚀，形成腐蚀电池，进而在钢筋表面产生蚀坑，蚀坑发展会十分迅速。

556. 对于板类构件混凝土施工时，为避免混凝土出现裂缝，除采取规定的养护措施外，还应采取哪些处理措施？

（1）在混凝土初凝前，应采用平板振动器进行二次振捣；

（2）终凝前应对混凝土表面进行抹压；

（3）掺加粉煤灰、缓凝剂的混凝土应增加养护时间；

（4）不能因为工期紧，过早承受一些施工荷载，例如现浇楼板上放置成捆的钢筋等。

557. 试述石子孔隙率过大会对混凝土造成哪些不利影响？
（1）工作性差，影响泵送及施工；
（2）使混凝土强度降低；
（3）使混凝土的抗渗性及抗冻性降低；
（4）增加了胶凝材料的用量，使砂率增大，提高了生产成本；
（5）易造成混凝土离析、泌水以及包裹性变差。

558. 哪些情况下混凝土试验设备应进行检定或校准？
①设备首次使用；②可能对检测结果有影响的维修、改造或移动后；③检定周期到期；④停用超过检定或校准有效期后再次投入使用前。

559. 粉煤灰的生产方式和物理特征是什么？
（1）生产方式
粉煤灰是燃煤火力发电过程中，细磨煤在 1200～1700℃ 的燃煤炉中燃烧后，在煤粉炉烟道气体中收集的粉末。它是由原料煤中存在的各种无机和有机成分产生的。高温燃烧过程中的不可燃物质发生熔融、冷却等变化，最终形成玻璃态的球形颗粒。最后，这部分颗粒（粉煤灰）会在烟气排出前被静电除尘器、布袋除尘器或旋风分离器等清洁设备捕获收集下来。

（2）物理特征
粉煤灰一般以球形颗粒的形式存在，质地疏松，且表面存在大量微孔。颗粒有大有小，直径介于 0.01～100.00μm，比表面积大，因此粉煤灰具有较高的潜在活性和吸附特性。粉煤灰的产生不仅与原煤的种类和燃烧条件有关，还取决于燃烧方式、运行条件、收集方式等。在这些因素的影响下，粉煤灰的物理化学性能具有较大的变化，通常在一定范围内波动。其密度一般为 1.9～2.9g/cm³，比表面积一般为 0.2～0.4m²/g。粉煤灰是复杂的混合物，具有独特、多组分、非均质且可变的组成，其矿物相组成通常包括 90%～99% 的无机成分、1%～9% 的有机成分和小于 0.5% 的流体成分。无机成分的一部分由非晶体（无定形）物质组成，包括不同形态的玻璃质；另一部分由晶体物质组成，包括晶体颗粒和各种矿物的聚集体。有机成分主要为焦炭中的有机物质、有机矿物及其团块。流体成分包括液体（水分）、气体和气液混合物，它们与无机物、有机物都有关。

560. 起粉、起砂是近年来经常出现在混凝土表面的质量问题，多发生在道路、楼顶、地面等部位，混凝土起粉、起砂的原因是什么？有哪些防治措施？
起粉、起砂多是因混凝土坍落度及砂率过大造成的。此时的混凝土表面强度低，表层颗粒和砂子很容易脱落，造成起粉或起砂。路面混凝土要特别注意施工工艺和养护措施，减少因泌浆、泌水或离析造成表面水泥浆或砂浆浮在表面形成强度低的软弱薄层。在配合比设计时，路面混凝土要做到"五低"，即低坍落度、低砂率、低用水量、低外加剂用量、低掺合料用量。起粉、起砂的混凝土表面可用表面硬化剂进行涂刷处理。

561. 混凝土回弹强度的关键在于混凝土表面的硬度。影响混凝土回弹强度的因素有哪几个方面？

表面平整度，如果混凝土表面不平整，由于回弹仪冲击头接触混凝土表面时有一定的角度，回弹值会有所降低。

混凝土表面的密实度差，如果混凝土表面有气泡等，回弹仪冲击头接触混凝土的面积减少，回弹值降低；有时混凝土表面气泡少，有一层薄薄的浆，浆层下面有许多气泡排不出来，也会使回弹值降低。混凝土浇筑时未严格分层，过振或欠振，导致一次浇筑的混凝土结构回弹强度存在较大差异。

混凝土表面与内部强度是否一致，首先取决于混凝土结构的养护情况。由于成本工期及质量意识等方面的原因，很多混凝土结构几乎不采取任何养护措施，特别是剪力墙等竖向结构更加严重，这种情况下混凝土表面由于失水严重，拆模后表面水泥基本不再水化，使表面强度降低，混凝土表面与内部强度存在较大差异。

采用粉煤灰和矿渣粉双掺技术，大大节省了水泥用量，同时水泥中的熟料量也因水泥厂超量使用混合材而低于标准规定的范围，水泥熟料量降低，造成表面实测碳化值增大，影响推断强度。在没有充分养护的情况下，除矿物掺合料具有一定的物理填充作用外，火山灰效应很难充分发挥。大量使用掺合料的混凝土只要坍落度稍大，在浇筑过程中就很容易出现表面浮浆层，造成粉尘化，严重影响混凝土的匀质性，同时在竖向结构模板内侧形成富浆层，富集大量粉煤灰和矿渣粉，表面混凝土的密实度和强度与内部差别较大。

竖向结构拆模较早、养护不到位，面层混凝土中水泥因长期处在干燥状态而近于停止水化，使 $Ca(OH)_2$ 浓度降低，面层混凝土的密实度变差。

562. 如何规避混凝土欠硫现象？

当混凝土中的胶凝材料碱性较大时，不会出现欠硫现象。大多数预拌混凝土生产企业在配合比设计时，一要考虑混凝土拌和物的流动性、可泵性，二要考虑混凝土的成本，所以在混凝土中必须加入一定比例的矿物掺合料，这样可以使混凝土的碱度有所下降。有研究表明，当混凝土中的可溶性碱含量在 $0.4\% \sim 0.6\% Na_2O$ 当量时，其高效减水剂与水泥表现为相容。当混凝土碱度较低时，可通过添加片碱 $NaOH$，使混凝土坍落度保坍能力得到明显改善。

563. 如何通过精选材料提高混凝土的耐久性？

精选材料针对不同的环境类别和作用等级，选取适合的混凝土配制原材料是保证其耐久性的重要措施，材料主要包括以下几种。

(1) 水泥：对于Ⅰ类环境中的混凝土结构，配制时可在六大常用水泥中选择；对于Ⅱ、Ⅲ、Ⅳ类冻融或氯盐侵蚀环境中的混凝土结构，宜使用硅酸盐水泥或普通硅酸盐水泥与磨细矿物掺合料混合组成凝胶材料；对于Ⅴ类其他化学腐蚀环境中的混凝土结构，则可以使用抗硫酸盐硅酸盐水泥或高抗硫酸盐水泥。

(2) 混凝土用水：混凝土拌和宜用饮用水，拌和水的 pH 值、不溶物、可溶物、氯离子、硫酸盐、碱含量应符合《混凝土用水标准》(JGJ 63—2006) 的规定。

(3) 矿物掺合料：有耐久性要求的混凝土配制时，常用的矿物掺合料有粉煤灰、粒化高炉矿渣以及硅灰。粉煤灰细度比水泥细，可以提高混凝土的匀质性、黏聚性和保水性，使用粉煤灰还可以显著提高混凝土的抗渗性；粒化高炉矿渣对混凝土的性能影响显著，部分替代水泥时，可显著降低混凝土的用水量，单方用水量可减少2%～6%，还可显著降低水化热，使混凝土的养护难度降低。磨细矿渣还可提高混凝土的密实性及抗渗性，从而提高混凝土的耐久性；硅灰可提高浆体的流动性，其微集料效应可填充水泥石孔隙，大大降低水泥石的大孔率（$>0.1\mu m$），使混凝土更加密实，进而提高混凝土的耐久性。

(4) 骨料：骨料占混凝土体积的65%～80%，一般分为粗细两种，粗骨料指石，细骨料指砂。骨料对混凝土耐久性的影响主要体现在含泥量、粒径大小和吸水率等方面。粗骨料的含泥量应控制在1%以内，细骨料的吸水率对混凝土的抗冻融性能影响较大，有抗冻融要求时，需要选择吸水率低的细骨料。

(5) 高效减水剂：氨基磺酸盐类减水剂可增强混凝土内部结构的致密性，减弱CO_2、Cl^-等侵蚀粒子的渗透能力，降低碳化深度和Cl^-侵蚀深度；改性萘系减水剂可提高混凝土的抗碳化能力及抗冻性。

第三章 安全与职业健康

3.1 安全生产规章制度

564. 安全检查应包括哪些内容?

(1) 查领导。是否坚持"安全第一、预防为主、综合治理"的安全生产方针,是否把安全生产工作列入主要议事日程并付诸实施;是否做到在"计划、布置、检查、总结、评比"生产工作的同时进行计划、布置、检查、总结、评比安全工作。

(2) 查管理。各项安全管理制度是否得到落实,安全管理的台账、记录是否齐全;安全技术措施的编制和交底是否有针对性并执行;安全生产管理系统是否正常发挥作用;各个单位安全员的安全管理是否到位并尽职尽责。

(3) 查隐患。生产现场存在哪些安全隐患,有哪些违章违纪现象;安全防护设施及安全标志的设置是否齐全可靠;是否做到了文明生产。

(4) 查事故处理。发生事故后是否按照规定进行调查、分析、统计和上报,有无瞒报、谎报、或拖延不报的情况;事故调查是否实事求是,原因分析是否准确,责任是否明确,整改措施是否有效。

565. 在日常工作中应结合工作实际进行哪些重点检查内容?

(1) 安全管理机构是否健全,安全管理人员是否按规定配齐。

(2) 安全管理资料和管理制度是否健全和完善。

(3) 各类作业人员的遵章守纪情况。

(4) 各类作业人员安全知识、技能水平及安全教育培训效果。

(5) 安全检查中发现的隐患是否能够及时进行处理或整改。

(6) 在制订工作方案时,是否有针对性地制定了安全技术措施,实施前是否进行了安全交底。

(7) 工作现场的安全防护措施是否齐全、可靠、有效,无安全隐患。

(8) 作业场所的临时用电设施是否符合规范要求,电气元件是否存在破损残缺、有箱无锁、一闸多机现象。

(9) 各种生产机械设备、机具的防护装置和漏电接地保护系统是否安全有效。

(10) 单位是否给员工配发了岗位必需的个人防护用品,如安全帽、安全带、防尘口罩、护耳器、防尘眼镜、手套等。

(11) 易燃易爆和有毒物品是否按照规定进行保管和存放。

(12) 重点部位危险点是否制定了事故预防措施,配备了消防器材,消防器材是否摆放合理、可靠有效,有关部门人员是否熟练掌握消防技能。

(13) 特种作业人员是否持证上岗。
(14) 作业场所的施工现场是否做到了干净整洁，垃圾、废料是否及时清理，材料设备是否摆放有序。
(15) 特种设备是否报有关部门备案，是否建立了安全管理档案，定期检查并记录日常维护保养情况。
(16) 各种安全标志是否齐全、挂在明显部位、内容有针对性。

566. 安全疏散设施管理制度包括哪些内容？
(1) 单位应保持疏散通道、安全出口畅通，严禁占用疏散通道，严禁在安全出口或疏散通道上安装栅栏等影响疏散的障碍物。
(2) 应按规范设置符合国家规定的消防安全疏散指示标志和应急照明设施。
(3) 严禁在营业或工作期间将安全疏散指示标志关闭、遮挡或覆盖。

567. 用电安全管理制度包括哪些内容？
(1) 严禁随意拉设电线，严禁超负荷用电。
(2) 电气线路、设备安装应由持证电工负责。
(3) 各部门下班后，该关闭的电源应予以关闭。
(4) 禁止私用电热棒、电炉等大功率电器。

3.2 安全与职业健康管理

568. 职业病的防护与管理包括哪些内容？
(1) 设置或指定职业卫生管理机构或者组织，配备专职或兼职的职业卫生管理人员，负责本单位的职业病防治工作。
(2) 制订职业病防治计划和实施方案，在编制年度生产和资金计划时，应将防治职业病和工业卫生方面所需的资金一并纳入计划，同时编报。
(3) 加强防尘措施。运输过程湿式作业。接尘作业人员必须佩戴防尘口罩，防尘口罩阻尘率应达到Ⅰ级标准要求。
(4) 作业场所的噪声，不应超过85dB，达不到噪声标准规定的作业场所，工作人员要佩戴防护用具。
(5) 根据工作场所中的职业危害因素及其危害程度，按照法律、法规、标准的规定，为从业人员免费提供符合国家规定的劳动防护用品。
(6) 新工人入厂前必须进行身体健康检查，不适合从事作业者不得录用。
(7) 职工的健康检查每年进行一次，要按照卫生部规定的职业病诊断项目范围和诊断标准定期对职工进行职业病鉴定和复查，并建立职工健康档案。
(8) 应加强对女职工的特殊劳动保护和职业卫生问题，提供必要的劳动安全卫生条件。

569. 简述粉尘的概念。
(1) 全尘。全尘是指用一般敞口采样器采集到一定时间内悬浮在空气中的全部固体微粒。

(2) 呼吸性粉尘。呼吸性粉尘是指能被吸入人体肺部并滞留于肺泡区的浮游粉尘。空气动力直径小于 $7.07\mu m$ 的极细微粉尘，是引起尘肺病的主要粉尘。

(3) 浮尘和落尘。悬浮于空气的粉尘称为浮尘，沉积在巷道顶、帮、底板和物体上的粉尘称为落尘。

570. 简述粉尘的性质。

(1) 粉尘中游离二氧化硅的含量。粉尘中游离二氧化硅的含量是危害人体的决定因素，含量越高，危害越大。游离二氧化硅是引起硅肺病的主要因素。

(2) 粉尘的粒度。粉尘粒度是指粉尘颗粒大小的尺度。一般来说，尘粒越小，对人体的危害越大。

(3) 粉尘的分散度。粉尘的分散度是指粉尘整体组成中各种粒级的尘粒所占的百分比。粉尘组成中，小于 $5\mu m$ 的尘粒所占的百分数越大，对人体的危害越大。

(4) 粉尘的浓度。粉尘的浓度是指单位体积空气中所含浮尘的数量。粉尘浓度越高，对人体危害越大。

(5) 粉尘的吸附性。粉尘的吸附能力与粉尘颗粒的比表面积有密切关系，分散度越大，比表面积也越大，其吸附能力也越强。主要指标有吸湿性、吸毒性。

(6) 粉尘的荷电性。粉尘粒子可以带有电荷，其来源是煤岩在粉碎中因摩擦而带电，或与空气中的离子碰撞而带电。尘粒的电荷量取决于尘粒的大小，并与温度、湿度有关。温度升高时，荷电量增多；湿度增高时，荷电量降低。

(7) 煤尘的燃烧和爆炸性。煤尘在空气中达到一定的浓度时，在外界明火的引燃下能发生燃烧和爆炸。

571. 简述生产性粉尘治理的技术措施。

采用工程技术措施消除和降低粉尘危害，是治本之策，是防止尘肺发生的根本措施。

(1) 改革工艺过程。通过改革工艺流程使生产过程机械化、密闭化、自动化，从而消除和降低粉尘危害。

(2) 湿式作业。湿式作业防尘的特点是防尘效果可靠，易于管理，投资较低。该方法已被厂矿广泛应用，如石粉厂的水磨石英和陶瓷厂、玻璃厂的原料水碾、湿法拌料、水力清砂、水爆清砂等。

(3) 密闭、抽风、除尘。对不能采取湿式作业的场所应采用该方法。干法生产（粉碎、拌料等）容易造成粉尘飞扬，可采取密闭、抽风、除尘的方法，但其基础是首先必须对生产过程进行改革，理顺生产流程，实现机械化生产。在手工生产、流程紊乱的情况下，该方法是无法奏效的。密闭、抽风、除尘系统可分为密闭设备、吸尘罩、通风管、除尘器等几个部分。

(4) 个体防护。当防、降尘措施难以使粉尘浓度降至国家标准水平以下时，应佩戴防尘护具。另外，应加强对员工的教育培训、对现场的安全检查以及对防尘的综合管理等。

附　　录

预拌混凝土生产企业常用标准、规范

序号	标准名称	标准号
1	预拌混凝土	GB/T 14902—2012
2	预拌混凝土绿色生产及管理技术规程	JGJ/T 328—2014
3	预拌混凝土绿色生产及管理技术规程	DB37/T 5049—2015
4	预拌混凝土质量管理规范	DB37/T 5092—2017
5	预拌混凝土及砂浆企业试验室管理规范	DB37/T 5123—2018
6	普通混凝土用砂、石质量及检验方法标准（附条文说明）	JGJ 52—2006
7	建设用砂	GB/T 14684—2022
8	建设用卵石、碎石	GB/T 14685—2022
9	混凝土和砂浆用再生细骨料	GB/T 25176—2010
10	混凝土用再生粗骨料	GB/T 25177—2010
11	轻集料及其试验方法　第1部分：轻集料 轻集料及其试验方法 轻集料及其试验方法　第2部分：轻集料试验方法	GB/T 17431.1—2010 GB/T 17431.2—2010
12	混凝土和砂浆用再生细骨料	GB/T 25176—2010
13	铁尾矿砂	GB/T 31288—2014
14	通用硅酸盐水泥	GB 175—2007
15	水泥胶砂流动度测定方法	GB/T 2419—2005
16	水泥标准稠度用水量、凝结时间、安定性检验方法	GB/T 1346—2011
17	水泥胶砂强度检验方法（ISO法）	GB/T 17671—2021
18	水泥比表面积测定方法 勃氏法	GB/T 8074—2008
19	水泥细度检验方法筛析法	GB/T 1345—2005
20	水泥取样方法	GB/T 12573—2008
21	水泥胶砂干缩试验方法	JC/T 603—2004
22	水泥化学分析方法	GB/T 176—2017
23	用于水泥和混凝土中的粉煤灰	GB/T 1596—2017
24	用于水泥、砂浆和混凝土中的粒化高炉矿渣粉	GB/T 18046—2017
25	砂浆和混凝土用硅灰	GB/T 27690—2011
26	石灰石粉在混凝土中应用技术规程	JGJ/T 318—2014
27	用于水泥、砂浆和混凝土中的石灰石粉	GB/T 35164—2017

续表

序号	标准名称	标准号
28	混凝土用复合掺合料	JG/T 486—2015
29	矿物掺合料应用技术规范	GB/T 51003—2014
30	混凝土外加剂	GB 8076—2008
31	混凝土外加剂应用技术规范	GB 50119—2013
32	聚羧酸系高性能减水剂	JG/T 223—2017
33	混凝土膨胀剂	GB/T 23439—2017
34	砂浆、混凝土防水剂	JC/T 474—2008
35	混凝土防冻剂	JC/T 475—2004
36	混凝土防冻泵送剂	JG/T 377—2012
37	混凝土外加剂匀质性试验方法	GB/T 8077—2012
38	水泥与减水剂相容性试验方法	JC/T 1083—2008
39	水泥混凝土和砂浆用合成纤维	GB/T 21120—2018
40	高强高性能混凝土用矿物外加剂	GB/T 18736—2017
41	混凝土外加剂中释放氨的限量	GB 18588—2001
42	混凝土用水标准（附条文说明）	JGJ 63—2006
43	普通混凝土配合比设计规程	JGJ 55—2011
44	普通混凝土拌和物性能试验方法标准	GB/T 50080—2016
45	混凝土物理力学性能试验方法标准	GB/T 50081—2019
46	普通混凝土长期性能和耐久性能试验方法标准	GB/T 50082—2009
47	混凝土泵送施工技术规范	JGJ/T 10—2011
48	混凝土耐久性检验评定标准	JGJ/T 193—2009
49	混凝土强度检验评定标准	GB/T 50107—2010
50	混凝土结构工程施工及验收规范	GB 50204—2015
51	混凝土质量控制标准	CB 50164—2011
52	混凝土结构工程施工规范	GB 50666—2011
53	建筑工程冬期施工规程	JGJ/T 104—2011
54	水运工程混凝土试验检测技术规范	JTS/T 236—2019
55	自密实混凝土应用技术规程	JGJ/T 283—2012
56	大体积混凝土施工标准	GB 50496—2018
57	人工砂混凝土应用技术规程	JGJ/T 241—2011
58	回弹法检测混凝土抗压强度技术规程	JGJ/T 23—2011
59	回弹法检测混凝土抗压强度技术规程	DB37/T 2366—2013
60	高强混凝土强度检测技术规程	JGJ/T 294—2013
61	高性能混凝土评价标准	JGJ/T 385—2015
62	清水混凝土应用技术规程	JGJ 169—2009
63	纤维混凝土应用技术规程	JGJ/T 221—2010

附 录

续表

序号	标准名称	标准号
64	补偿收缩混凝土应用技术规程	JGJ/T 178—2009
65	高强混凝土应用技术规程	JGJ/T 281—2012
66	粉煤灰混凝土应用技术规范	GB/T 50146—2014
67	轻骨料混凝土应用技术标准	JGJ/T 12—2019
68	钢纤维混凝土	JG/T 472—2015
69	铁尾矿砂混凝土应用技术规范	GB 51032—2014
70	钢管混凝土工程施工质量验收规范	GB 50628—2010
71	大体积混凝土温度测控技术规范	GBT 51028—2015
72	透水水泥混凝土路面技术规程	CJJ/T 135—2009
73	混凝土试模	JG 237—2008
74	建筑施工机械与设备 混凝土搅拌站（楼）	GB/T 10171—2016
75	建筑施工机械与设备混凝土搅拌机	GB/T 9142—2021
76	混凝土搅拌运输车	GB/T 26408—2020

参考文献

［1］ 葛兆明，余成行，魏群，等．混凝土外加剂［M］．第二版．北京：化学工业出版社，2012．
［2］ 冯乃谦．高性能与超高性能混凝土技术［M］．北京：中国建筑工业出版社，2015．
［3］ 朱宏军，程海丽，姜德民．特种混凝土和新型混凝土［M］．北京：化学工业出版社，2004．
［4］ 张承志．商品混凝土［M］．北京：化学工业出版社，2006．
［5］ 陈立军，张春玉，赵洪凯．混凝土及其制品工艺学［M］．北京：中国建材工业出版社，2012．
［6］ 舒怀珠，黄清林，王军．混凝土实用创新成果与技术应用［M］．北京：中国建材工业出版社，2014．
［7］ 袁润章．胶凝材料学［M］．第2版．武汉：武汉理工大学出版社，2005．